Chocolate classics

巧克力點心教室
甜蜜的黑色魔力

許正忠 ◎著

巧克力點心教室
甜蜜的黑色魔力

CONTENTS

Part1 麵 包

Part2 常溫蛋糕

Part3 起士&慕斯&西點

Part4
派、塔＆餅乾

Part5
手工巧克力

作者序
Preface

巧克力”chocolate”這個充滿魔幻、甜蜜、滿足的名詞，總能帶給人無限的幸福感，當然這樣的感覺，便一直是我想藉著書籍的出版，傳遞出去的感覺。

所以，在烘焙中它更是開啟幸福味道的那把關鍵鑰匙，舉凡麵包、蛋糕、西點、餅乾、慕斯……您想得到的烘焙產品，有了巧克力這個元素，一定是大受歡迎！

也因為如此，本書特別以巧克力為主軸，集合各種類產品中巧克力口味的產品，做一系列完整的介紹，從麵包、蛋糕、西點、起士、乳酪、塔、派、餅乾、慕斯及純手工巧克力，讓整本書的內容更為豐富，也希望讓喜愛巧克力的您能一次滿足，與我們一起沉浸在巧克力的魔力世界中！

許正忠

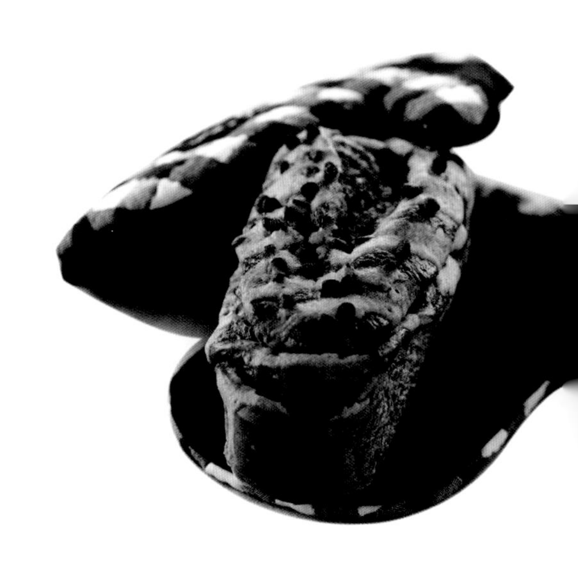

麵糰基本製作方法：

1 將麵粉、糖、鹽、水（牛奶）、酵母、冷藏種麵糰一起放入攪拌。

2 攪拌成糰（拾起階段：此時麵糰粗糙且濕，無彈性及延展性），切換至中速攪拌。

3 攪拌至攪拌缸邊之水份完全吸收（捲起階段：此時麵糰表面尚未完全光滑，且有點濕，以手拉有些許延展性，但易斷）。

4 中速繼續攪拌至「擴展階段」時，加入油脂，改以慢速攪拌至油脂完全吸收。

5 擴展階段之麵糰以手撐開無法成薄膜，且撕裂時有鋸齒狀，但麵糰表面較光滑且有彈性。

6 以中速攪拌至「完成階段」後，改慢速攪拌 10 秒，此時可加入堅果、雜糧或其他配料。

7 完成階段時，麵糰光滑有彈性，且具高度延展性，以手輕輕撐開為一光滑薄膜，撕裂時，裂口亦非常光滑非鋸齒狀。

8 此時麵糰溫度最好在 26℃ ～28℃。

9 基本發酵完成－以手指沾粉插入麵糰，不具彈性，且留有手指痕，此時麵糰應膨脹約為原有體積之 2.5 倍。

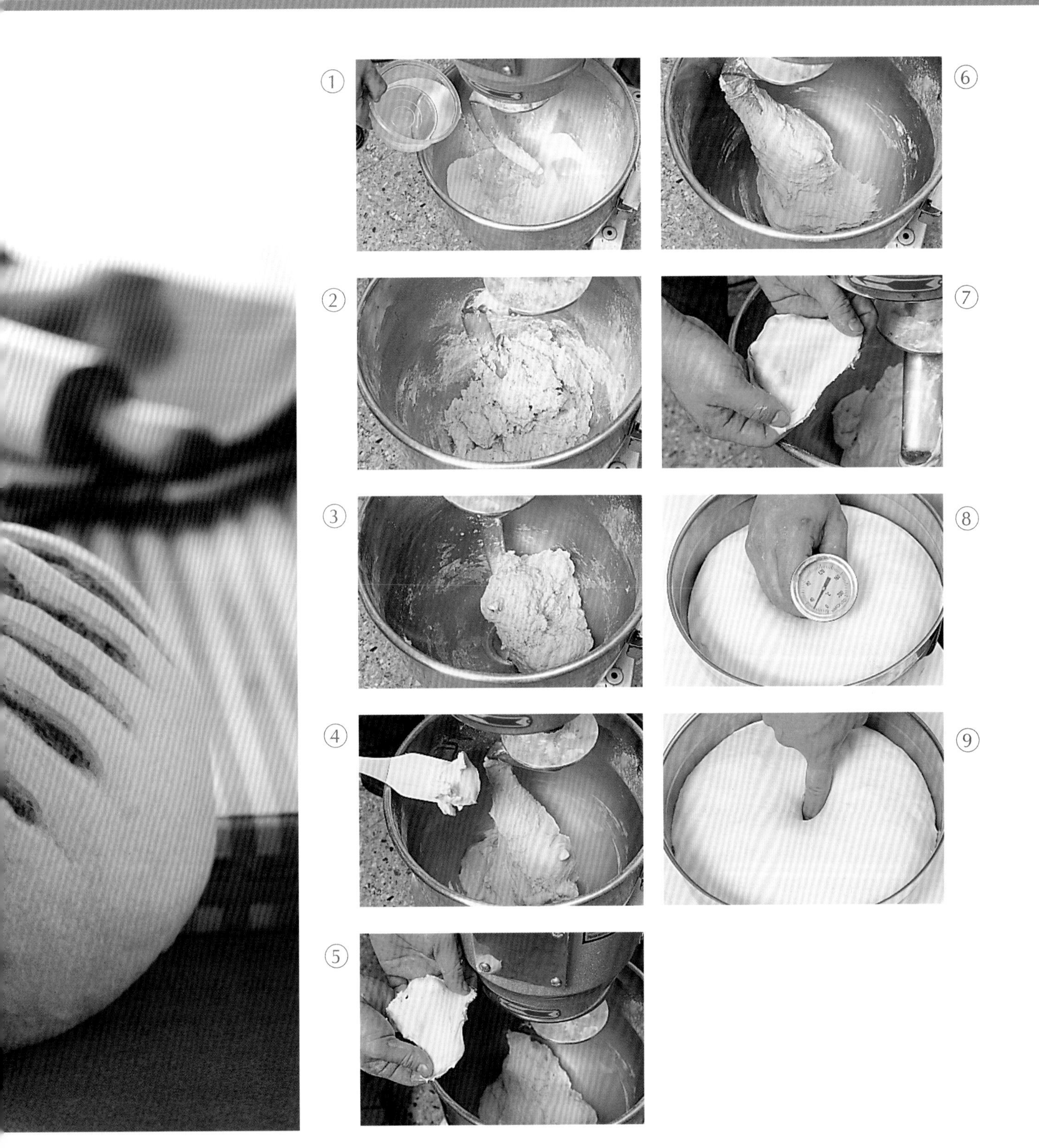
①
②
③
④
⑤
⑥
⑦
⑧
⑨

戚風蛋糕基本製作方法：

★基本配方（8吋 / 2模）：

A. 蛋白 285g、細砂糖 168g、塔塔粉 3.5g
B. 水 125g、沙拉油 123g、蛋黃 145g、低筋麵粉 150g、玉米粉 30g、泡打粉 3.5g、香草精（粉）2g

★製作方法：

1 材料 B 中的低筋麵粉、玉米粉、泡打粉、香草精先過篩後，與剩餘材料一起放入鋼盆內。

2 一起攪拌均勻即可。

3 將材料 A 一起放入攪拌缸內，中速攪拌打發。

4 攪拌至沾起後，不會掉落且前端完全呈彎曲狀，即為濕性發泡。

5 再繼續攪打至前端稍微彎曲（不可完全挺直），即為硬性發泡。

6 取 1/4 打發蛋白拌入步驟 2 之盆中，輕輕拌勻。

7 再倒回蛋白缸中拌勻即可。

8 倒入模型中烤焙。（8 分滿即可）

★ Tips

1. 粉類的材料請記得先過篩！
2. 一般份量少時，蛋黃部份都只有拌勻而已，不必打發。
3. 蛋白打發時，攪拌缸內不可有油脂，或水分。
4. 一般濕性發泡，大部分運用於天使蛋糕、重奶油戚風蛋糕、巧克力重奶油戚風蛋糕或乳酪類的戚風蛋糕。
5. 蛋白打發若要更快速，可先打蛋白至濕性發泡後，再加細砂糖，以中速打至硬性發泡。
6. 烤焙時若為圓型模，則參考溫度為上火 160℃ / 下火 180℃，約 20 ～ 30 分鐘（視模型大小），出爐時，需倒扣至冷卻才進行脫模。
7. 烤焙時若為盤型，則參考溫度為上火 190℃ / 下火 130℃，約 15 ～ 25 分鐘（視蛋糕之厚度），出爐時，要拉出烤盤外較易降溫。
8. 烤模不可刷油（固態油脂），且水分要擦乾。

①
②
③
④
⑤
⑥
⑦
⑧

奶油霜製作方法：

★基本配方：

A. 蛋白 150g
B. 水 115g、砂糖 250g
C. 白油 125g
　無鹽奶油 125g

★製作方法：

1 將材料 A 打至濕性發泡。

2 材料 B 煮沸；沖入作法 1 中，再繼續攪打至降至室溫。

3 材料 C 打發，再將作法 2 加入拌勻即可。

巧克力奶油霜製作方法：

★基本配方：

A. 蛋白 150g
B. 水 115g、砂糖 250g
C. 苦甜巧克力 150g
D. 白油 125g
　無鹽奶油 125g

★製作方法：

1 將材料 A 打至濕性發泡。

2 材料 B 煮沸；沖入作法 1 中拌勻後，加入材料 C，再繼續攪打至降至室溫。

3 材料 D 打發，再將作法 2 加入拌勻即可。

巧克力淋醬製作方法：

★基本配方：

A. 麥芽 45g、水 100g、
　砂糖 90g
B. 動物鮮奶油 240g
C. 牛奶巧克力 220g、
　甜苦巧克力 500g
D 藍姆酒 30g

★製作方法：

1 將 A 加熱煮至溶解。

2 材料 B 加入煮沸。

3 材料 C 切碎，將作法 2 沖入拌至溶解。

4 材料 D 加入拌勻即可。

巧克力飾片：

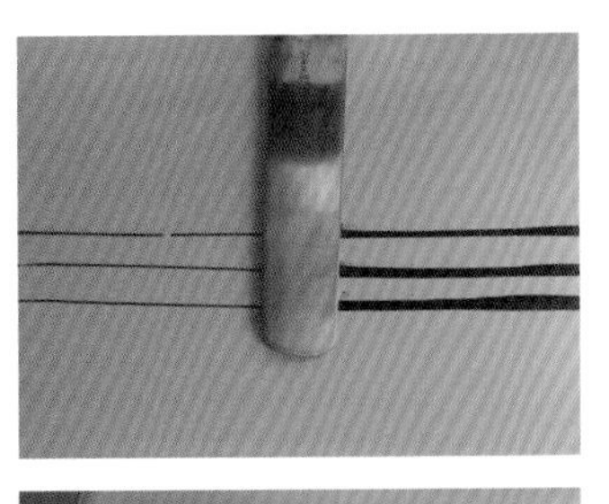

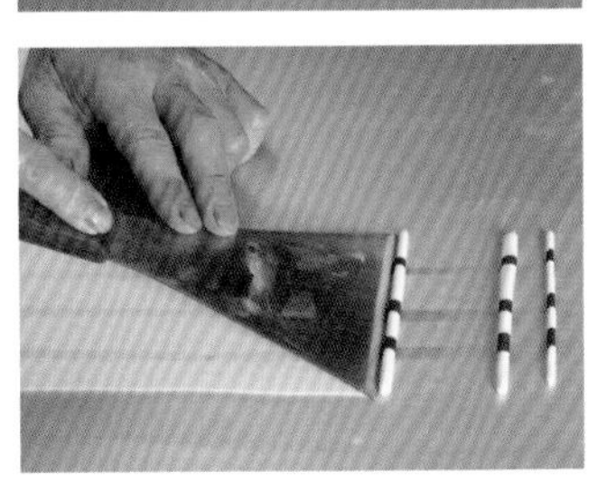

★雙色巧克棒製作方法：

1 在桌面上先劃三條黑巧克力線後，將其抹平。

2 上面再抹一層白巧克力（不要太厚）。

3 將邊緣修整齊。

4 用刮片從一側至另一側推移即可捲成巧克力棒，巧克力棒之粗細和刮片之角度有關。

★ Tips

1. 巧克力裝飾片最好使用免調溫之巧克力。
2. 巧克力溶化溫度若太高，巧克力中之油脂會分離，而造成巧克力變質。
3. 製作好之巧克力飾片可存放於冷藏內備用。

★螺旋巧克力製作方法：

1 取一細長形膠片（可用塑膠慕斯圈）上抹巧克力。

2 利用刮板刮出紋路。

3 捲起後兩邊用夾子固定。

4 冷凍 15 分鐘後，便可輕易取下。

①

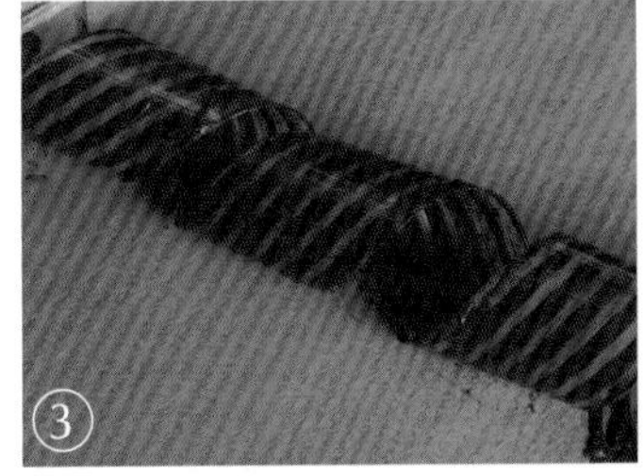
③

②

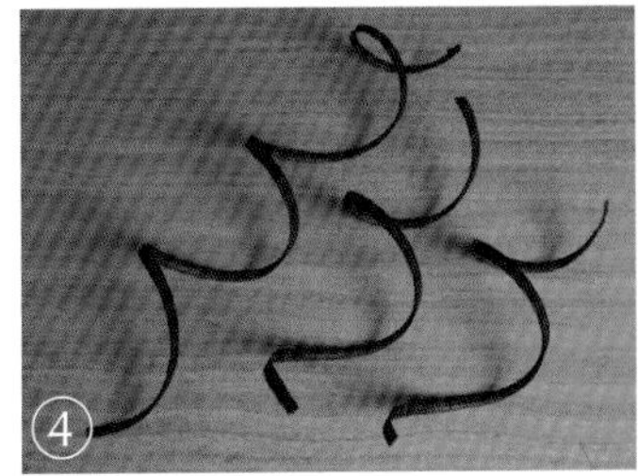
④

如何正確使用調溫巧克力

巧克力由於成份中的油脂使用不同，而有調溫巧克力，和免調溫巧克力兩種，一般初學者所選用的都是不用經過調溫處理的免調溫巧克力，但是，對於口感要求較高的朋友，調溫巧克力是更好的選擇，更能滿足所希望的標準。

由於調溫巧克力有它的使用技巧性，所以在此將使用的三步驟做詳盡的介紹：

1. 溶化（40℃～50℃）→ 2. 調溫（結晶）（25℃～27℃）→ 3. 保溫（操作）（30℃～32℃）

一 . 溶化的方法：

巧克力溶化前，需先切成碎片，且容器不能有水和其他污染物。

1. **隔水加熱法**：外鍋的水不要太多，裝巧克力的容器與水鍋必須密合，加熱時，水溫不宜超過 60℃，且每隔 1 分鐘便攪拌一次，直至溶化即可。

2. **微波爐加熱法**：少量（約 1 公斤以內）比較適合使用這個方法，加熱前將巧克力切愈碎愈好，放入可微波容器內，每加熱 60 秒，需攪拌 8～10 秒，直至溶化即可。
*注意！在加熱過程中，巧克力溫度需保持在 50℃以下。

3. **調溫鍋加熱法**：將巧克力放置於調溫鍋，將溫度調整於 45℃，約數小時即可，或將溫度調整於 34℃，放置隔夜亦可。

二 . 調溫的方式：

調溫的目的是讓溶化的巧克力降溫至可結晶的溫度，使巧克力能順利的凝固硬化成型。

1. **大理石調溫法**：將溶化的巧克力先取 2/3 倒於大理石桌面，用刮刀抹開，再刮回，重複動作直到冷卻至非常濃稠的狀態，刮回巧克力盆中與剩餘 1/3 的巧克力拌勻（此時的溫度約為 25℃～27℃）。

2. 分段調溫法：取 1/2 切碎的巧克力先加熱（45℃ ~50℃）至完全溶化後，將剩餘 1/2 切碎的巧克力加入，以刮刀攪拌至完全溶化即可。

3. 自然調溫法：將溶化的巧克力，每隔數分鐘便以刮刀攪拌 10 秒，重複操作至整鍋巧克力的溫度降至 25℃ ~27℃即可。

4. 調溫鍋調溫法：將調溫鍋內已溶化之巧克力移出調溫鍋，待溫度降至容器外圈 1/2 的巧克力快凝固，而中間 1/2 巧克力還是流動狀態時，再以刮刀攪拌均勻即可（此時的溫度約為 25℃ ~27℃）。

三 . 保溫與操作：

1. 溶化的巧克力必須保溫在 30℃ ~32℃之間，溫度太低、流動性不足，則不易操作；溫度太高，則會破壞結晶而無法凝固。

2. 操作時，室溫最好保持在 18℃ ~21℃之間。

3. 成品需保存於 15℃ ~17℃之室內，較不易變質。

四 . 注意事項：

1. 溶化巧克力不可超過 60℃，否則巧克力中的油脂會分離出來，可可成份便會硬化，而產生顆粒。

2. 溶化、操作，及保存過程中，不可接觸水份，否則巧克力會變質。

3. 操作時，室溫最好保持於 20℃左右。

4. 有填充內餡之成品，需置於室溫讓內餡凝固後再封口，使內餡與空氣隔離。

5. 開封後的巧克力需密封保存，避免受潮與陽光直接照射，但不能放於冰箱保存。

6. 巧克力溶化後，要不時的用刮刀稍攪拌，但整個過程中不可用打蛋器來操作（因使用打蛋器攪拌會拌入太多的空氣）。

7. 若保溫的溫度超過 32℃時，需重新調溫才會凝固。

8. 巧克力保存溫度若與室溫的溫差大於 10℃，此時巧克力表面容易沾附水氣，而與糖形成結晶體，就無法完全溶化。

9. 室溫若過高，或陽光直接照射之巧克力（或成品），其油脂容易分離而於表面產生花紋。

PART 1

麵 包

Bread

Part1/01 麵包類

巧克力菠蘿麵包

★菠蘿皮：

A. 奶油 55g、軟質牛奶巧克力 55g、糖粉 110g、鹽 1g、奶粉 9g

B. 蛋 77g

C. 高筋麵粉 220g

★麵糰：

高筋麵粉 600g、水 300g、鹽 6g、砂糖 120g、酵母 7g、奶粉 36g、蛋 60g、奶油 90g、改良劑 6g、乳化劑 6g

★製作過程：

1.將麵糰材料一起攪拌至完成階段後，發酵至基本發酵完成。

2.分割成每個 60g，約 20 個麵糰，滾圓備用。

3.材料 A 稍打發，材料 B 加入拌勻。

4.材料 C 以手拌方式加入拌勻，分割每個約 30g，壓成圓形薄片，覆蓋在作法 1 的麵糰，表面用刮壓板壓出紋路，並沾上粗粒砂糖。

5.發酵至 2 倍大時，以上火 180℃／下火 180℃烤約 12 分鐘。

Part1/02 麵包類

巧克力墨西哥麵包

★甜麵糰：

高筋麵粉 600g、水 300g、鹽 6g、砂糖 120g、酵母 7g、奶粉 36g、蛋 60g、奶油 90g、改良劑 6g、乳化劑 6g

★巧克力奶酥餡：

A. 奶油 44g、軟質牛奶巧克力 148g、糖粉 55g、動物鮮奶油 111g
B. 奶粉 222g、可可粉 19g
C. 葡萄乾（泡酒）適量

★墨西哥麵糊：

D. 軟質牛奶巧克力 67g、奶油 80g、糖粉 127g
E. 蛋 2 個
F. 低筋麵粉 127g

★製作過程：

1. 將甜麵糰材料一起攪拌至完成階段後，發酵至基本發酵完成，分割成每個約 60g 的麵糰備用。
2. 材料 A 拌勻打發，材料 B 過篩後，加入拌勻，再加入材料 C 拌勻，以每個 30g，包入麵糰內。
3. 材料 D 拌勻稍打發，材料 E 分次加入拌勻。
4. 材料 F 過篩後，加入拌勻為墨西哥麵糊。
5. 將墨西哥麵糊擠在發酵至 2 倍大的麵糰上，以上火 200℃／下火 190℃烤約 10～15 分鐘。

Part1/03 麵包類

加樂寶奶酥芝士麵包

20個

★麵糰：

高筋麵粉 600g、水 300g、鹽 6g、砂糖 120g、酵母 7g、奶粉 36g、蛋 60g、奶油 90g、改良劑 6g、乳化劑 6g

★巧克力芝士餡：

A. 奶油起士 166g、奶油 166g、糖粉 83g

B. 糖粉 83g、軟質牛奶巧克力 50g

C. 葡萄乾適量

★裝飾：

D. 珍珠糖粒適量

★製作過程：

1. 將麵糰一起攪拌至完成階段後，發酵至基本發酵完成，分割成每個約 20g 的麵糰備用。
2. 材料 A 拌軟化，材料 B 加入拌勻。
3. 材料 C 加入拌勻為巧克力芝士餡。
4. 每個麵糰包入巧克力芝士餡後，每 3 個一組放入模型內發酵完成後，表面噴水，撒珍珠糖粒。
5. 以上火 180℃／下火 180℃烤約 15 分鐘。

Part1/04 麵包類

胚芽核桃巧克力麵包

12個

★麵糰：

高筋麵粉 510g、低筋麵粉 30g、胚芽粉 60g、水 300g、鹽 6g、砂糖 120g、酵母 7g、奶粉 36g、蛋 60g、奶油 90g、改良劑 6g、乳化劑 6g

★核桃巧克力內餡：

A. 軟質牛奶巧克力 350g、核桃（烤熟）150g、葡萄乾 50g、蘭姆酒 50g

★裝飾：胚牙粉適量

★製作過程：

1.將麵糰一起攪拌至完成階段後，發酵至基本發酵完成，分割成每個 100g 備用。
2.材料 A 一起拌勻為內餡。
3.將麵糰包入內餡，捲起，搓成長條，再打成辮子。
4.表面沾上胚芽粉，待發酵至 2.5 倍大時，以上火 180℃／下火 190℃烤約 15～20 分鐘。

巧克力黑炫風麵包

15個

★材料配方：

A. 高筋麵粉 700g、可可粉 28g、砂糖 126g、鹽 8.5g、酵母 10.5g、
奶粉 28g、蛋 70g、水 336g、改良劑 4g、奶油 70g

B. 苦甜巧克力 70g

C. 核桃 56g、葡萄乾 56g

D. 市售藍莓餡適量

★裝飾：高筋麵粉適量

★製作過程：

1.材料 A 攪拌至擴展階段，再加入材料 A 及 C 拌均勻。

2.至麵糰基本發酵完成，分割成每個 100 g。

3.每個麵糰包入 40g 藍莓餡後，將麵糰整形成三角形，表面沾高筋麵粉。

4.待發酵至 2.5 倍大時，以上火 180℃／下火 170℃烤約 20 分鐘。

Part1/06 麵包類

巧克力核果麵包

14個

★麵糰：

高筋麵粉 480g、奶粉 48g、可可粉 29g、砂糖 96g、鹽 4.8g、
改良劑 4.8g、奶油 58g、酵母 9g、水 312g、耐烤巧克力豆 96g

★內餡：

苦甜巧克力 420g

★裝飾：

溶解巧克力 400g、烤熟杏仁角 70g

★製作過程：

1.將所有材料 A 攪拌至完成階段後，發酵至基本發酵完成。

2.分割每個麵糰約 80g，包入 30g 的苦甜巧克力。

3.分別將分割好的麵糰滾圓；放入模型中。

4.待發酵至 2.5 倍大時，以上火 180℃／下火 150℃烤約 25 分鐘。

5.冷卻後表面沾溶解巧克力，表面再沾烤熟杏仁角。

Part1/07 麵包類

核桃巧克力歐克麵包

個

★材料配方：

A. 高筋麵粉 560g、可可粉 25g、糖 100g、鹽 7g、酵母 7g、奶粉 25g、蛋 55g、水 270g、改良劑 3g、奶油 85g

B. 耐烤巧克力 55g、核桃 55g、葡萄乾 45g

★油皮：

C. 中筋麵粉 160g、水 80g、鹽 1.5g、奶油 65g、泡打粉 1.5g

★製作過程：

1.材料 A 攪拌至完成階段，加入材料 B 繼續攪拌至完成階段。

2.基本發酵完成，分割每個 120g，稍滾圓，鬆弛 20 分鐘。

3.麵糰鬆弛完成後，再滾圓備用。

4.將材料 C 一起攪拌至完成階段，分割成每個 30g。

5.將油皮捍開後，將麵糰包入，置於烤盤，表面割 7 刀。

6.待發酵至 2.5 倍大時，以上火 160℃／下火 170℃烤約 20～25 分鐘。

黑森林蘭姆葡萄麵包

Part1/08 麵包類

12個

★材料配方：

A. 高筋麵粉 500g、可可粉 20g、砂糖 90g、鹽 5g、蛋 90g、奶油 75g、蜂蜜 40g、水 350g、酵母 10g、改良劑 5g

B. 葡萄乾 450g、蘭姆酒適量

C. 耐烤巧克力豆 160g

★製作過程：

1.將材料 B 先浸泡一天備用。（蘭姆葡萄乾）

2.材料 A 一起攪拌至擴展階段，再加入材料 C 攪拌均勻。

3.至麵糰基本發酵完成，分割成每個 100 g，鬆弛 20 分鐘，包入作法 1 的蘭姆葡萄乾（每個約包 40g）。

4.搓成長條後，打成辮子，放入長條模中。

5.發酵至 9 分滿，表面撒上材料 C，以上火 180℃／下火 170℃烤約 20～25 分鐘。

Part1/09 麵包類

藍莓黑森林麵包

10個

★麵糰：

A. 高筋麵粉 500g、砂糖 90g、鹽 5g、可可粉 20g、酵母 6g、
改良劑 5g、乳化劑 5g、蛋 40g、軟質牛奶巧克力 50g、水 260g、 奶油 60g

★內餡：

B. 藍莓餡 120g、奶油起士 300g、砂糖 15g

★巧克力奶油：

C. 動物鮮奶油 50g、苦甜巧克力 66.5g、奶油 93.5g、轉化糖漿 14g
D. 巧克力屑適量

★製作過程：

1.將材料 B 拌勻備用。

2.材料 C 隔水加熱溶解備用。

3.材料 A 一起攪拌至完成階段後，發酵至基本發酵完成，分割成每個 100g 備用。

4.將麵糰包入 40g 的作法 1，放入耐烤杯內中，繼續發酵至滿模（約 2.5 倍大）。

5.以上火 180℃／下火 170℃烤約 20 ～ 25 分鐘。

6.出爐待冷卻後，表面抹上作法 2，並沾上材料 D 即可。

Part1/10 麵包類

巧克力原豆吐司

條

水果條模

★材料配方：

A. 高筋麵粉 500g、砂糖 100g、鹽 6g、奶粉 15g、可可粉 40g、奶油 50g、
酵母 8g、蛋 75g、蜂蜜 50g、鮮奶油 100g、改良劑 3g、水 200g、巧克力豆 50g

B. 軟質巧克力適量

C. 巧克力豆適量

★裝飾：無水奶油（酥油）適量

★製作過程：

1. 將材料 A 一起攪拌至完成階段後，發酵至基本發酵完成，將麵糰分割成每個 60g 備用。
2. 將麵糰捍開，抹上適量軟質巧克力，並撒上巧克力豆捲起，表面割 3 刀（需看到內餡），每 4 個一組，放入烤模中。
3. 發酵至 9 分滿，以上火 150℃／下火 200℃烤約 25 ～ 30 分鐘。
4. 出爐後，表面刷無水奶油。

巧克力蔓越莓麵包

12個

★麵糰：

A. 高筋麵粉 500g、可可粉 10g、水 300g、鹽 12g、奶油 50g、蛋 50g、奶粉 10g、酵母 10g、改良劑 10g

B. 巧克力豆 90g、蔓越莓 100g

C. 裝飾穀粒適量

★製作過程：

1.將材料 A 一起攪拌至完成階段後，發酵至基本發酵完成，將麵糰分割成每個 80g 備用。

2.麵糰捍開，撒上適量的材料 B。

3.將麵糰整形成橄欖形，表面噴水，沾上裝飾穀粒。

4.待發酵至 2.5 倍大時，以上火 180℃／下火 160℃烤約 20 分鐘。

Part1/12 麵包類

巧克力爆漿餐包

40個

★麵糰：

A. 高筋麵粉 370g、低筋麵粉 40g、可可粉 20g、砂糖 75g、鹽 4g、蜂蜜 20g、奶油 50g、蛋 40g、水 200g、乾酵母 5g

★內餡：

B. 無鹽奶油 250g、軟質牛奶巧克力 200g

★製作過程：

1. 將材料 A 一起攪拌至完成階段後，發酵至基本發酵完成。
2. 將麵糰分割成每個 20g，滾圓，鬆弛 20 分鐘，再滾圓一次。
3. 待發酵至 2.5 倍大時，以上火 200℃／下火 180℃烤約 8 ～ 12 分鐘。
4. 出爐待冷卻後，將材料 B 一起打發，擠入巧克力餐包中即可。

Part1/13 麵包類

巧克力肉桂卷

12個

★麵糰：

高筋麵粉450g、砂糖90g、鹽5g、酵母8g、鮮乳240g、奶油70g、蛋1個、可可粉12g、肉桂粉12g

★餡料：

A. 軟質巧克力適量

B. 細砂糖50g、肉桂粉5g、葡萄乾60g、核桃60g、蛋白1個

★製作過程：

1.將麵糰材料一起攪拌至完成階段後，發酵至基本發酵完成。

2.將材料B一起攪拌均勻。

3.將麵糰捍開成片狀，先抹上材料A。

4.將作法2的餡料撒在麵糰上，捲起成長條後，切成12等份，切口朝上放置於紙模中。

5.待發酵至2.5倍大時，以上火180℃／下火170℃烤約20～25分鐘。

Part1/14 麵包類

巧克力甜心麵包

20個

★麵糰：

高筋麵粉 400g、酵母 6g、砂糖 60g、鹽 4g、改良劑 6g、蛋 110g、鮮奶油 120g、蜂蜜 15g、奶油 40g、巧克力豆 80g、軟質巧克力 330g

★內餡：

A. 軟質巧克力 400g、葡萄乾 200g

★麵糊：

B. 奶油 110g、糖粉 45g、可可粉 10g、低筋麵粉 75g、蛋黃 60g、全蛋 20g、高筋麵粉 10g

C. 葡萄乾適量

★製作過程：

1. 將麵糰材料一起攪拌至完成階段後，發酵至基本發酵完成，分割成每個 60g。
2. 材料 A 拌勻後，每個麵糰包入 30g。
3. 將材料 B 拌勻，裝入擠花袋中備用。
4. 麵糰發酵 2 倍大時，表面撒葡萄乾，並擠上作法 3 的麵糊。
5. 以上火 190℃／下火 180℃烤約 12 ～ 15 分鐘。

巧克力香醇芋泥麵包

8 個

★麵糰：

高筋麵粉 340g、可可粉 60g、酵母 5g、砂糖 60g、鹽 5g、改良劑 6g、蛋 2 個、冰鮮乳 120g、蜂蜜 15g

★內餡：

A. 市售芋泥 400g
B. 奶油適量、糖粉適量

★製作過程：

1. 將麵糰材料一起攪拌至完成階段後，發酵至基本發酵完成，分割成 8 個，每個 90g。
2. 將麵糰捍開，抹上 50g 材料 A 後，對折，再切成 3 條，打成辮子，放入長條模中，在表面擠上少許奶油，撒上糖粉。
3. 發酵至 9 分滿，以上火 180℃／下火 160℃烤約 20 ～ 25 分鐘。

胚芽巧克力麵包

Part1/16 麵包類

10個

★麵糰：

高筋麵粉 530g、胚芽粉 42g、酵母 7g、紅糖 80g、鹽 5g、改良劑 5g、蛋 133g、鮮乳 159g、煉乳 21g、可可粉 121g、奶油 80g

★巧克力餡：

A. 奶油 94g、糖粉 39g、可可粉 9g、低筋麵粉 73g、蛋黃 70g

B. 蔓越莓 86g

★裝飾：燕麥片適量

★製作過程：

1.將麵糰拌勻至基本發酵完成，分割成每個 100g，共 10 個備用。
2.將麵糰稍滾圓後，鬆弛 20 分鐘。
3.材料 A 拌勻後，加入材料 B 再拌勻即為巧克力餡備用。
4.將麵糰捍開，每個抹上 35g 的巧克力餡後，捲起，表面噴水，沾上適量的燕麥片後，繼續發酵 50 分鐘。
5.以上火 190℃／下火 170℃烤約 20 ～ 25 分鐘。

PART 2

常溫蛋糕

Demi-Secs

Part2/01 常溫蛋糕

松露巧克力瑪芬

★松露球：

A. 苦甜巧克力 100g

B. 糖粉 15g、可可粉 15g、低筋麵粉 10g

C. 鮮乳 30g

★巧克力蛋糕體：

D. 低筋麵粉 200g、可可粉 100g、泡打粉 12g、鹽 2g、砂糖 266g

E. 蛋 365g、鮮乳 50g

F. 苦甜巧克力 365g、奶油 380g

G. 核桃 250g、蔓越莓 250g

★表面裝飾：

耐烤巧克力豆適量、巧克力淋醬適量

★製作過程：

1.材料 A 隔水加熱溶化至 45℃，材料 B 過篩後，加入拌勻。

2.再加入材料 C 拌勻後，以每個約 20g，搓成球狀備用。

3.材料 D 過篩後，加入材料 E 拌勻。

4.材料 F 隔水加熱至溶解，加入作法 3 拌勻，再加材料 G 拌勻，鬆弛約 30 分鐘。

5.將作法 4 的麵糊倒入模型內，再將作法 2 放入麵糊中，再將麵糊加到約 7 分滿。

6.以上火 180℃／下火 130℃烤約 20 ～ 30 分鐘。

7.表面以巧克力淋醬及耐烤巧克力豆裝飾。

巧克力蘑菇

 個

★材料配方：

A. 苦甜巧克力 270g、奶油 240g

B. 蛋黃 180g、細砂糖 60g

C. 蘭姆酒 15g

D. 低筋麵粉 150g

E. 蛋白 360g、細砂糖 180g、塔塔粉 5g

★墨西哥麵糊：

F. 糖粉 100g、奶油 100g、蛋 2 個

G. 低筋麵粉 120g、夏威夷果適量

★製作過程：

1.材料 A 中的巧克力先隔水加熱溶解，再加入奶油打發。

2.材料 B 分 3 次加入作法 1 中打發後；再加入材料 C 拌勻。

3.材料 D 過篩後，也加入拌勻，材料 E 打至濕性發泡後，擠入模型中。

4.以上火 160℃／下火 140℃烤約 20 ～ 25 分鐘。

5.待出爐冷卻後，將材料 F 拌勻；稍打發，加入材料 G 拌勻，放入擠花袋中，擠在蛋糕表面，再回烤約 15 ～ 20 分鐘。

巧克力大理石蛋糕

（30㎝×20㎝）

★白麵糊：

A. 全蛋 600g、砂糖 300g、中筋麵粉 300g

B. 乳化劑 30g、中筋麵粉 300g

C. 奶油 210g、沙拉油 300g

★黑麵糊：

D. 軟質巧克力 30g、沙拉油 30g、可可粉 30g

★製作過程：

1.先將材料 A 打至砂糖溶解後，加入材料 B 快速打發。

2.材料 C 加熱至奶油溶化後，加入拌勻，即為白麵糊。

3.材料 D 隔水加熱至溶解，即為黑麵糊，加入作法 2 中，稍拌成大理石紋路。

4.倒入烤盤內，以上火 200℃／下火 100℃烤約 40 ～ 50 分鐘。

Part2/04 常溫蛋糕

巧克力無花果蛋糕

10個

★蛋糕體：

A. 無鹽奶油 165g、糖粉 150g、鹽 2g

B. 苦甜巧克力 150g

C. 蛋 150g

D. 低筋麵粉 240g、蘇打粉 3g

E. 核桃（切碎）50g、無花果乾 125g、蘭姆酒 80g、葡萄乾 80g

★製作過程：

1.將材料 A 稍打發，材料 B 隔水加熱至溶解，也加入拌勻。

2.材料 C 分 3 次加入作法 1 拌勻，材料 D 過篩後，一起加入拌勻。

3.最後材料 E 加入拌勻，擠入哈雷杯中。

4.以上火 190℃／下火 140℃烤約 45 ～ 50 分鐘。

Part2/05

常溫蛋糕

巧克力布丁蛋糕

 個

★材料配方：

A. 無鹽奶油 165g、紅糖 90g

B. 蛋黃 110g

C. 苦甜巧克力 230g

D. 中筋麵粉 230g、泡打粉 5g、蘇打粉 5g、可可粉 30g

E. 牛奶 110g、白蘭地 20g

F. 蛋白 220g、砂糖 90g、塔塔粉 10g

★製作過程：

1.先將材料 A 打發，材料 B 加入拌勻。

2.材料 C 隔水加熱溶解至 45℃後，加入作法 1 中拌勻。

3.材料 D 過篩後，也加入拌勻，再加入材料 E 拌勻。

4.材料 F 打至濕性發泡後，也加入拌勻，擠入布丁模中（8 分滿）。

5.以上火 180℃／下火 130℃烤約 20 ～ 25 分鐘。

Part2/06 常溫蛋糕

黑岩巧克力

20個

★麵糊：

A. 奶油 120g、動物鮮奶油 100g、砂糖 120g

B. 苦甜巧克力 150g

C. 蛋黃 150g

D. 蛋白 150g、砂糖 120g

E. 可可粉 100g

F. 蘇打粉 5g、低筋麵粉 40g

G. 檸檬汁 50g、桔子皮 100g

★餅乾底：

H. 奇福餅乾粉 250g、奶油 150g

★酥波蘿：

I. 奶油 113g、砂糖 75g、蛋 13g、低筋麵粉 225g、可可粉 10g

★製作過程：

1.先將材料 H 拌勻，放入模型中壓平，冷藏備用。

2.將材料 I 一起拌勻成沙粒狀，冷藏備用。

3.將材料 A 打發後，材料 B 隔水加熱至溶解，加入拌勻。

4.材料 C 分次加入拌勻，材料 E、F 過篩後，加入拌勻，再加入材料 G。

5.材料 D 打至濕性發泡，與作法 4 的麵糊拌勻。

6.倒入作法 1 中的餅乾底抹平，表面撒上作法 2 的酥菠蘿。

7.以上火 180℃／下火 130℃烤約 30 ～ 35 分鐘。

Part1/07 常溫蛋糕

白巧克力磅蛋糕

5 條

水果條模

★材料配方：

A. 動物鮮奶油 240g、白巧克力 250g

B. 奶油 410g、糖粉 350g、鹽 6g

C. 蛋 330g

D. 低筋麵粉 450g、泡打粉 12g

E. 夏威夷豆 150g、蔓越莓 100g

★製作過程：

1.先將材料 A 一起隔水溶化成巧克力醬，冷卻備用。

2.將材料 B 打發，材料 C 分 3 次加入繼續打發。

3.將作法 1 加入作法 2 中拌勻，材料 D 過篩後，和材料 E 加入拌勻，倒入模型。

4.以上火 180℃／下火 140℃烤約 35 分鐘。

捷克鄉村巧克力蛋糕

30個

小哈雷杯

★材料配方：

A. 苦甜巧克力 300g、奶油 200g

B. 砂糖 150g、蛋 360g

C. 低筋麵粉 200g、泡打粉 6g

D. 蘭姆酒 30g、蔓越莓 80g、杏仁片 80g、核桃（切碎）80g

E. 杏仁片 100g

★製作過程：

1.材料 A 隔水加熱至溶解。

2.將材料 B 打發，材料 C 過篩後，加入拌匀。

3.再加入材料 1 拌匀後，加入材料 D 拌匀，倒入模型 8 分滿，表面撒杏仁片。

4.以上火 180℃／下火 130℃烤約 20 ～ 25 分鐘。

Part1/09 常溫蛋糕

香橙巧克力蛋糕

80個

★材料配方：

A. 蛋黃 12 個、砂糖 200g、奶油 220g、橙香精 5g

B. 苦甜巧克力 400g、鮮奶油 200g

C. 低筋麵粉 120g、可可粉 120g、蘇打粉 3g

D. 蛋白 12 個、砂糖 280g、塔塔粉 5g

E. 紅櫻桃 40 顆

★製作過程：

1.將材料 A 加熱、拌勻。

2.材料 B 煮成巧克力醬，拌入作法 1。

3.材料 C 過篩；材料 D 打至濕性發泡後，和作法 2 一起拌勻。

4.將麵糊擠入模型中，上面擺半顆紅櫻桃，以上火 170℃／下火 170℃ 烤約 15 分鐘。

黑瑪莉蛋糕

個

★材料配方：

A. 奶油 350g、糖粉 350g、可可粉 105g

B. 水 175g、動物鮮奶油 230g、全蛋 210g

C. 低筋麵粉 330g、玉桂粉 4g、蘇打粉 5g

★裝飾淋醬：

D. 奶油 210g、可可粉 65g、砂糖 210g、動物鮮奶油 210g、 杏仁角（烤熟）140g

★製作過程：

1.將材料 A 打發後，材料 B 分 3 次加入拌勻。

2.材料 C 過篩後，也加入拌勻，擠入 3 吋模中（8 分滿）。

3.以上火 180℃／下火 130℃烤約 30 ～ 40 分鐘，待冷卻。

4.先將材料 D 中的動物鮮奶油煮沸後，其他材料加入拌勻，即可淋在作法 3 上裝飾。

★ Tips

1.作法 1 中的材料可分為 3 ～ 5 次拌入皆可，因為不管分幾次，都會有油水分離的狀態，這是正常的，加入材料 C 後，這樣的問題就會解決。

Part1/11 常溫蛋糕

奶油核果巧克力蛋糕

片

★材料配方：

A. 蛋 650g、砂糖 330g

B. 低筋麵粉 360g

C. 奶油（溶化）265g、鮮乳 200g

D. 熱水（80℃）133g、可可粉 50g、蘇打粉 5g

★夾層 ：

E. 蜜核桃 300g

F. 奶油霜適量

★裝飾：

G. 苦甜巧克力 300g、動物鮮奶油 300g（一起隔水加熱溶化）

★製作過程：

1.先將材料 D 拌勻備用。

2.將材料 A 打發，材料 B 過篩後，加入拌勻。

3.再加入材料 C 拌勻後，加入作法 1 拌勻，倒入烤盤（60 ㎝ ×40 ㎝），抹平。

4.以上火 190℃／下火 160℃烤約 15 分鐘。

5.冷卻後，切成 4 片，中間夾奶油霜和蜜核桃。

6.冰硬後，切成 2 條長條，表面以材料 G 淋面即可。

Part2/12 常溫蛋糕

蘿蔓蒂  個 7 吋

★蛋糕體：

A. 苦甜巧克力 60g、奶油 100g
B. 鮮乳 125g
C. 低筋麵粉 113g、可可粉 63g、蘇打粉 5g
D. 蛋黃 115g
E. 蛋白 250g、砂糖 159g、塔塔粉 5g

★巧克力淋醬：

F. 動物鮮奶油 140g、奶油 30g
G. 苦甜巧克力 160g、牛奶巧克力 100g
H. 蘭姆酒 20g

★夾層：

巧克力奶油霜適量

★製作過程：

1.材料 A 隔水加熱至溶解後，材料 B 加入拌勻。
2.材料 C 過篩後，加入作法 1 拌勻，將材料 D 也加入拌勻。
3.材料 E 打至濕性發泡，一起加入作法 3 中拌勻。
4.以上火 180℃／下火 140℃烤約 30 ～ 40 分鐘，出爐待冷卻備用。
5.先將材料 F 煮沸。
6.材料 G 切碎後，放入容器中，將煮沸的作法 5 沖入，攪拌至溶解。
7.待稍冷卻後，加入材料 H 拌勻，即為巧克力淋醬。
8.將作法 4 的蛋糕體切成 3 片。
9.每層抹上適量的巧克力奶油霜，最後再將作法 7 巧克力醬淋於表面。

Part2/13 常溫蛋糕

美式布朗尼

6 條

★材料配方：

A. 奶油 525g、砂糖 420g

B. 全蛋 630g

C. 苦甜巧克力 578g

D. 低筋麵粉 1000g、核桃 400g

E. 苦甜巧克力 150g、沙拉油 30g（一起隔水加熱溶化）

F. 熟核桃 150g

★製作過程：

1. 將材料 A 打發，材料 B 分次加入。
2. 材料 C 隔水加熱至溶解後，也加入拌匀。
3. 材料 D 中的低粉過篩後，加入作法 2 中拌匀。
4. 材料 D 中的核桃切碎，加入拌匀。
5. 以上火 160℃／下火 160℃烤約 50～60 分鐘。
6. 冷卻後，表面以材料 E、F 裝飾即可。

維也納巧克力核桃蛋糕

條

★材料配方：

A. 苦甜巧克力 60g、奶油 90g

B. 蛋黃 180g、砂糖 90g

C. 低筋麵粉 180g、玉米粉 45g、碎核桃（烤熟）200g

D. 蛋白 360g、砂糖 240g、塔塔粉 5g

E. 苦甜巧克力 180g

F. 動物鮮奶油 200g

G. 熟杏仁角 100g

★製作過程：

1.將材料 A 隔水加熱備用。

2.將材料 B 打發，材料 C 的粉類過篩後，加入拌勻，再加入碎核桃。

3.把作法 1 加入作法 2 中拌勻；材料 D 打至濕性發泡後，也加入拌勻。

4.以上火 180℃／下火 120℃烤約 30～30 分鐘，出爐，待冷卻。

5.材料 F 加熱煮沸，加入材料 E，攪拌溶解成巧克力醬。

6.烤好的蛋糕以杏仁角及巧克力醬作表面裝飾。

慕尼黑巧克力

 個

7 吋

★材料配方：

A. 奶油 62g、砂糖 42g、可可粉 13g、玉米粉 27g、肉桂粉 1g、蘇打粉 1g
B. 蛋黃 77g、巧克力 37.5g
C. 低筋麵粉 53g、碎核桃 26g
D. 蛋白 142g、砂糖 83g、塔塔粉 2g
E. 調溫巧克力 104g、免調溫巧克力 104g、動物鮮奶油 208g
F. 飲用水 10g、果糖 10g、酒 10g

★裝飾：巧克力裝飾片適量

★製作過程：

1.將材料 A 拌勻後，材料 B 中的巧克力先溶解加入拌勻；蛋黃再分次加入打發。
2.材料 C 過篩後，加入拌勻；材料 D 打至濕性發泡，一起加入拌勻，倒入 7 吋模中。
3.以上火 170℃／下火 130℃烤約 40 分鐘，出爐，待冷卻後，切成三片。
4.材料 E 中的動物鮮奶油先煮沸，沖入巧克力內拌勻成巧克力醬，待冷卻備用。
5.將材料 F 拌勻後，刷在蛋糕體上，利用作法 4 的巧克力醬作夾層餡，最後擺上巧克力做裝飾。

Part1/16 常溫蛋糕

蘇法巧克力蛋糕

2 個

★材料配方：

A. 奶油 175g、糖粉 175g、可可粉 50g

B. 苦甜巧克力 175g

C. 動物鮮奶油 110g、全蛋 110g

D. 低筋麵粉 170g、蘇打粉 5g

★其它：

油、高筋麵粉適量（防沾黏使好脫模）

★裝飾：

水果、巧克力適量

★製作過程：

1.將材料 A 稍打發後，材料 B 隔水溶解後加入拌勻。

2.材料 C 分次加入作法 1 中拌勻，材料 D 過篩後也加入拌勻。

3.模型內抹油，撒上高筋麵粉後，將麵糊倒入。

4.以上火 160℃／下火 130℃烤約 30～35 分鐘。

5.冷卻後，表面以巧克力水果做裝飾。

日式巧克力磅蛋糕

6 條

★材料配方：

A. 奶油 300g、苦甜巧克力 150g

B. 砂糖 240g、蛋 350g

C. 低筋麵粉 240g、可可粉 60g、杏仁粉 60g、泡打粉 15g

D. 耐烤巧克力豆 100g、夏威夷果 100g、蔓越莓 100g

★其它：

油、高筋麵粉適量（塗模用）

★裝飾：

水果、巧克力適量

★製作過程：

1.先將材料 A 隔水加熱溶解。

2.材料 B 打發後，將作法 1 加入拌勻。

3.材料 C 過篩後，再加入拌勻。

4.材料 D 加入作法 3 的麵糊內拌勻。

5.模型內刷油、撒粉；將麵糊倒入烤模內。

6.以上火 180℃／下火 160℃烤約 35 ～ 45 分鐘。

7.冷卻後，表面以水果及巧克力裝飾。

Part1/18

常溫蛋糕

加拿大巧克力蛋糕

片

★材料配方：

A. 低筋麵粉 60g、杏仁粉 90g、蛋 110g、糖粉 60g

B. 奶油 25g、可可粉 20g

C. 蛋白 140g、砂糖 30g、鹽 1g

D. 杏仁角 80g

E. 軟質巧克力 400g

★製作過程：

1.材料 A、D 一起拌勻，材料 B 一起隔水加熱溶化後，加入拌勻。

2.材料 C 打至濕性發泡後，加入作法 1 中拌勻，倒入烤盤（40㎝×30㎝）抹平。

3.以上火 210℃／下火 150℃烤約 12 分鐘。

4.冷卻後，以材料 E 做夾層和表面裝飾。

巧克力波士頓

 個

8 吋

★材料配方：

A. 水 55g、沙拉油 50g、低筋麵粉 120g、泡打粉 3g、蛋黃 120g、蘭姆酒少許
B. 蛋白 230g、細砂糖 125g、塔塔粉 3g、鹽 1g
C. 動物鮮奶油 200g、植物鮮奶油 200g、巧克力醬適量
D. 巧克力碎片適量

★製作過程：

1. 材料 A 依序拌勻後，材料 B 打至硬性發泡後，加入拌勻，倒入派盤。
2. 以上火 200℃／下火 150℃烤上色，改上火 150℃／下火 170℃烤約 25 ～ 30 分鐘。出爐後倒扣，待冷卻。
3. 材料 C 一起打發後，塗抹於夾層和表面。
4. 最後在表面撒上材料 D 即可。

Part1/20 常溫蛋糕

白色布朗尼

50片

★材料配方：

A. 全蛋 400g、砂糖 250g

B. 奶油 250g、白巧克力 250g

C. 低筋麵粉 250g、杏仁角 250g

D. 白巧克力 250g、黑巧克力 50g

★製作過程：

1.將材料 A 一起打發，材料 B 隔水加熱溶解後，一起加入拌勻。

2.再材料 C 拌入作法 1 拌勻；即可倒入烤盤，抹平。

3.以上火 180℃／下火 180℃烤約 30 分鐘，出爐，待冷卻。

4.將材料 D 分別加熱溶化後，先將溶化的白巧克力淋於蛋糕表面，再以黑巧克力擠上線條後，以竹籤劃出紋路。

大理石戚風蛋糕

個

8 吋

★材料配方：

A. 可可粉 40g、軟質巧克力 45g、沙拉油 50g

B. 鮮乳 150g、沙拉油 150g

C. 低筋麵粉 125g、玉米粉 40g、香草精 3g

D. 全蛋 1 個、蛋黃 250g

E. 蛋白 500g、砂糖 250g、塔塔粉 10g

★製作過程：

1.材料 A 加熱，拌至溶解備用。

2.材料 C 過篩後備用。

3.材料 B、C、D 依序拌勻。

4.材料 E 打至濕性發泡加入作法 3 中拌勻。

5.將作法 1 加入作法 4 麵糊內稍拌使之成大理石紋，以上火 180℃／下火 160℃烤約 30 ～ 40 分鐘。

Part1/22 常溫蛋糕

巧克力香蕉蛋糕

 條

★材料配方：

A. 奶油 350g、砂糖 300g、鹽 7g

B. 蛋 350g、苦甜巧克力（溶解）80g

C. 低筋麵粉 430g、可可粉 30g、泡打粉 22g

D. 香蕉 600g、砂糖 75g、奶油 35g、肉桂粉少許、黃芥末少許

E. 杏仁片 150g

★製作過程：

1.先將材料 D 放入鍋中加熱炒熟成香蕉餡，待冷卻備用。

2.將材料 A 打發，材料 B 分 4 次加入拌勻，再打發。

3.材料 C 過篩後，加入作法 2 拌勻。

4.將作法 1 的香蕉餡加入作法 3 中拌勻；倒入模型中，表面撒杏仁片。

5.以上火 180℃／下火 140℃烤約 30 ～ 35 分鐘。

Part2/23 常溫蛋糕

休格拉巧克力蛋糕

2 個

8 吋

★材料配方：

A. 動物鮮奶油 180g、苦甜巧克力 200g
B. 蛋黃 140g、砂糖 70g
C. 可可粉 100g、低筋麵粉 50g
D. 蛋白 225g、砂糖 150g、塔塔粉 7g
E. 糖粉

★製作過程：

1.先將材料 A 隔水加熱溶解，材料 B 打發後，將作法 1 加入拌勻。
2.材料 C 過篩後，也加入拌勻；材料 D 打至濕性發泡，一起加入拌勻。
3.倒入烤模中，以上火 180℃／下火 140℃，隔水烤 60 分鐘。
4.出爐冷卻後，表面撒上糖粉。

黑金剛

10個

★蛋糕體：

A. 全蛋 380g、砂糖 290g

B. 低筋麵粉 200g

C. 蘇打粉 30g、可可粉 300g

D. 奶油 230g、軟質巧克力 80g、苦甜巧克力 160g

★裝飾：

E. 夏威夷果 300g（先烤熟）

★製作過程：

1.材料 A 打發至不滴落，材料 B 過篩後，加入一起拌勻。

2.材料 D 隔水加熱至溶化，材料 C 過篩後加入拌勻。

3.將麵糊倒入模型，表面以夏威夷果裝飾。

4.以上火 180℃／下火 140℃烤約 20 ～ 25 分鐘。

Part2/25 常溫蛋糕

巧克力星鑽

★麵糰：

高筋麵粉 450g、水 283g、鹽 4g、砂糖 45g、酵母 5g、奶粉 27g、奶油 68g、改良劑 5g、乳化劑 5g

★蛋糕體（捲麵糰用）：

A. 全蛋 300、砂糖 125g
B. 沙拉油 60g、可可粉 30g
C. 鮮乳 45g
D. 低筋麵粉 100g、蘇打粉 5g

★蛋糕體：

E. 細砂糖 75g、水 250g、可可粉 75g
F. 沙拉油 250g
G. 低筋麵粉 250g、蘇打粉 5g
H. 蛋黃 225g
I. 蛋白 450g、砂糖 25g、塔塔粉 15g

★製作過程：

1. 將麵糰材料一起至擴展階段後，發酵至基本發酵完成，將麵糰分割成 4 個，每個 200g 備用。
2. 材料 A 打發至用手沾不滴落。
3. 材料 B 加熱拌至溶解，加入材料 C 拌勻後，再加入作法 2 中拌勻。
4. 材料 D 過篩後，加入作法 3 中一起拌勻，倒入 40 ㎝ ×30 ㎝的烤盤中抹平。
5. 以上火 190℃／下火 150℃烤約 8 ～ 12 分鐘，冷卻備用。
6. 將冷卻的蛋糕切成 4 份，捲入作法 1 的麵糰內，置於烤模中備用。
7. 材料 E 加熱拌至溶解後，材料 F 加入拌勻。
8. 材料 G 過篩後，也加入拌勻，再加入材料 H 一起拌勻。
9. 材料 I 打發後，加入作法 8 中拌勻。
10. 倒入作法 6 放置麵糰的烤模內，以上火 200℃／下火 150℃烤約 45 ～ 60 分鐘。

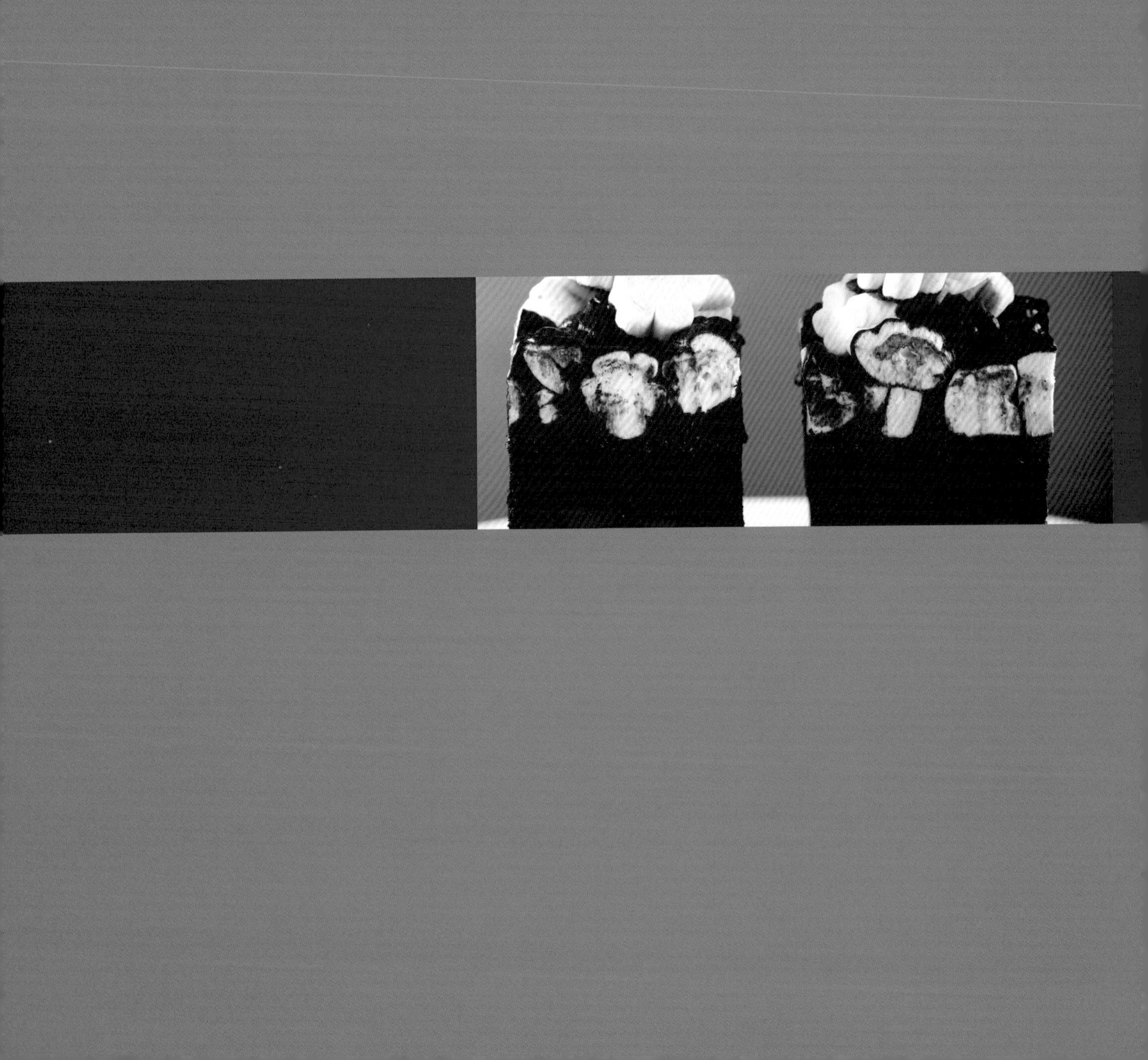

PART 3

起士 & 慕斯 & 西點

Chese & Mousse & Western-Style Pastry

Part3/01 起士

黑岩起士

3 個
8 吋

★酥波蘿：

A. 無鹽奶油 135g、砂糖 70g、
低筋麵粉 200g、可可粉 50g、
杏仁角 50g

★餅乾底：

B. O'REO 餅乾粉 500g
C. 無鹽奶油 250g（先溶化）、糖粉 100g

★起士麵糊：

D. 奶油起士 750g、砂糖 190g
E. 優酪乳 150g、蛋白 225g
F. 動物鮮奶油 270g、檸檬汁 30g、
檸檬皮 3g

★裝飾：

水果、巧克力適量

★製作過程：

1.將材料 A 拌勻成沙粒狀，放入冷凍備用。
2.材料 B、C 拌勻，壓平於模型內，成餅乾底。
3.材料 D 拌勻，材料 E 分次加入拌勻，最後將材料 F 也加入拌勻。
4.模型內先將作法 2 放入壓好，起士麵糊倒入，表面以酥菠蘿裝飾。
5.以上火 150℃／下火 150℃烤約 80 ～ 90 分鐘。
6.以水果及巧克力裝飾。

Part3/02 起士

O'REO乳酪蛋糕

 個

8 吋

★餅乾底：

A. O'REO 餅乾粉 1000g、砂糖 100g、奶油 400g（先溶化）

★奶油起士巧克力餡：

B. 奶油起士 750g

C. 蛋黃 425g、全蛋 1 個

D. 酸奶油 225g

E. 苦甜巧克力 570g、牛奶巧克力 180g

F. 玉米粉 45g

G. 蛋白 700g、砂糖 250g、塔塔粉 10g

★製作過程：

1. 材料 A 全部一起拌勻，除留一些稍後用於麵糊表面外，其餘壓於模型底部及周邊，備用。
2. 材料 B 打軟，材料 C 分次加入拌勻後，將材料 D 也加入拌勻。
3. 材料 E 隔水加熱溶解至 45℃後，一起加入作法 2 拌勻，再將材料 F 加入拌勻。
4. 材料 G 打至濕性發泡，最後加入拌勻。
5. 麵糊倒入模型內與餅皮同高，表面以粗篩網將餅乾撒滿表面。
6. 以上火 150℃／下火 150℃烤約 50 ～ 60 分鐘。

Part3/03 起士

巴迪西乳酪蛋糕

40條

★巧克力蛋糕體：

A. 蛋 11 個、砂糖 300g、中筋麵粉 225g

B. 乳化劑 25g、中筋麵粉 225g

C. 水 175g、可可粉 60g

D. 沙拉油 150g

★乳酪餡：

E. 奶油乳酪 650g、砂糖 150g

F. 蛋白 150g、動物鮮奶油 50g

★製作過程：

1.先將材料 E 拌至軟化，材料 F 分次加入拌勻備用。

2.材料 A 先打至砂糖溶解，再加入材料 B 打發。

3.材料 C、D 分別加熱後拌勻，加入作法 2 中拌勻。

4.先取 1/2 麵糊倒入烤盤抹平烤焙，以上火 200℃／下火 150℃烤約 20 ～ 25 分鐘。

5.出爐後，將作法 1 加入抹平，並將另 1/2 麵糊加入抹平；再以上火 200℃／下火 0℃續烤約 30 ～ 40 分鐘。

巧香吉士棒

Part3/04 起士

20個

★起士麵糊：

A. 苦甜巧克力 380g（先溶化）

B. 奶油起士 1000g、香草精 3g、奶油 50g、蛋黃 100g、玉米粉 37g

C. 蛋白 200g、砂糖 150g

★餅乾底：

D.O'REO 餅乾粉 450g、糖粉 40g、奶油 100g（溶解）

★製作過程：

1.先將材料 D 拌勻，作成餅乾底，壓入烤模底部，壓平備用。

2.將材料 B 拌勻後，材料 C 打至濕性發泡一起加入拌勻成起士麵糊備用。

3.先預留適量作法 2 的麵糊做表面劃線用。

4.再將剩餘麵糊與材料 A 拌勻，倒入作法 1 的烤模。

5.以上火 150℃／下火 120℃隔水烤約 40 ～ 60 分鐘。

Part3/05 起士

濃郁巧克力起士

 個

7 吋模

★材料配方：

A. 奇福餅乾 240g、奶油 100g、苦甜巧克力 60g

B. 奶油起士 280g、砂糖 30g

C. 酸奶油 140g、蛋 200g、鮮乳 100g、玉米粉 35g

D. 苦甜巧克力 280g、奶油 120g

E. 耐烤巧克力豆 200g

★裝飾：

水果、巧克力適量

★製作過程：

1.將材料 A 中的奶油、苦甜巧克力溶解，和壓碎的餅乾拌勻，壓於模型底部備用。

2.材料 B 打軟後，依材料 C 的順序加入拌勻。

3.材料 D 隔水加熱溶解後，加入作法 2 中拌勻，倒入作法 1 中，撒上材料 E。

4.以上火 200℃／下火 100℃烤約 25 分鐘。

5.以水果及巧克力裝飾。

白巧克力雙色乳酪

Part3/06 起士

2 個
8 吋

★餅乾底：

A. 奇福餅乾粉 500g、
奶油 250g（先溶化）

★白起士麵糊：

B. 奶油起士 900g、細砂糖 180g
C. 白巧克力 400g
D. 全蛋 3 個
E. 玉米粉 40g
F. 動物鮮奶油 500g
G. 檸檬汁 30g、檸檬皮 3g
H. 藍莓餡 150g

★製作過程：

1.先將材料 A 拌勻，壓入模型底部，壓平備用。
2.材料 B 拌勻至細砂糖溶解，材料 C 隔水加熱至 50℃，加入一起拌勻。
3.材料 D 分次加入作法 2 中，材料 E 過篩後，一起加入拌勻。
4.最後將材料 F、G 加入拌勻成白起士麵糊。
5.取 1/2 作法 4 和材料 H 拌勻成藍莓起士麵糊，先倒入作法 1 的模型中抹平。
6.再倒入另一半作法 4 的白起士麵糊，抹平，以上火 170℃／下火 180℃烤約 45 分鐘。

Part3/07 慕斯

義式巧克力慕斯 25杯

★慕斯餡：

A. 蛋黃 120g、砂糖 30g
B. 吉利丁 5g
C. 苦甜巧克力 390g
D. 白蘭地 30g、動物鮮奶油 800g

★蛋糕體：（40 ㎝ ×30 ㎝一盤）

E. 蛋 6 個、砂糖 130g
F. 杏仁粉 130g、低筋麵粉 80g
G. 奶油 50g、鮮乳 150g

★製作過程：

1. 材料 A 隔水加熱打發，材料 B 泡軟後，加入拌至完全溶解。
2. 材料 C 隔水加熱溶解後，加入作法 1 中拌勻後，降溫至 20℃左右。
3. 材料 D 打發，加入拌勻成慕斯餡備用。
4. 材料 E 打發，材料 F 過篩後，加入拌勻。
5. 材料 G 溶解至 50℃加入拌勻後，倒入烤盤（40 ㎝ ×30 ㎝）中，抹平。
6. 以上火 200℃／下火 150℃烤約 12 ～ 15 分鐘。
7. 將蛋糕體壓出 50 片（直徑約 5 ㎝）圓形薄片，先放一片至容器底部，擠入慕斯餡至一半，再放一片蛋糕片，再擠滿。
8. 表面撒上可可粉，再裝飾即可。

Part3/08 慕斯

瑞士白巧克力乳酪

10個

★材料配方：

A. 牛奶 110g、蛋黃 55g、砂糖 10g、奶油起士 90g

B. 吉利丁片 5g

C. 白巧克力 80g

D. 動物鮮奶油 300g

E. 香草蛋糕片 20 片（直徑約 5 ㎝）

F. 檸檬巧克力粉適量、巧克力適量

★製作過程：

1.材料 A 加熱隔水煮至完全溶化，材料 B 泡水軟化，加入拌勻至吉利丁溶化。

2.材料 C 加入拌至溶解後，降溫至 10℃左右。

3.材料 D 打發後，加入拌勻即為起士餡。

4.起士餡加入至一半時，先放一片香草蛋糕，再重複一次，冷凍冰硬。

5.取出倒扣（蛋糕體朝下），表面以材料 F 裝飾。

Part3/09 慕斯

法式巧克力乳酪慕斯

杯

★材料配方：

A. 動物鮮奶油 110g、白巧克力 250g、奶油起士 250g

B. 蛋黃 50g

C. 砂糖 40g

D. 吉利丁片 10g

E. 動物鮮奶油 600g

★製作過程：

1.材料 A 先隔水加熱溶解；材料 B、C 隔水加熱後打發，一起加入拌勻。

2.材料 D 泡水軟化，也加入拌勻後，降溫至 10℃左右。

3.材料 E 打發加入拌勻，擠入模型中（需高出模型），冷藏備用。

4.取出後，表面以水果及巧克力裝飾。

Delectable

Part3/10 慕斯

櫻桃巧克力慕斯 

★巧克力蛋糕體：

A. 蛋白 180g、砂糖 150g
B. 蛋黃 120g
C. 奶油 150g、巧克力 200g
D. 低筋麵粉 50g、玉米粉 50g

★白巧克力櫻桃慕斯：

E. 鮮奶油 105g、櫻桃果泥 105g
F. 蛋黃 25g、砂糖 25g
G. 白巧克力 420g
H. 吉利丁片 5g
I. 鮮奶油 400g、櫻桃白蘭地 25g
J. 酒漬櫻桃適量
K. 巧克力淋醬 250g

★製作過程：

1.將材料 A 打至濕性發泡後，材料 B 加入再打發。
2.材料 C 隔水溶解至 50℃加入拌勻，材料 D 過篩後，也加入拌勻。
3.倒入烤盤（40 ㎝ ×30 ㎝）中抹平，以上火 190℃／下火 150℃烤約 15 ～ 20 分鐘。
4.出爐待冷卻後，蛋糕切成 3 片備用。
5.材料 E 先加熱煮沸後，沖入材料 F，再回煮至呈稠狀。
6.將材料 G 加入拌溶解；材料 H 泡水軟化後，加入攪拌溶解，待降溫至 10℃左右。
7.材料 I 打發後，加入作法 5 中拌勻即為白巧克力櫻桃慕斯。
8.底部先放一片蛋糕，倒入一半的櫻桃慕斯抹平，撒適量的酒漬櫻桃，再蓋上一片蛋糕。
9.再重複一次，放入冷凍冰硬，完成後，表面抹上巧克力淋醬，切成 2.5 ㎝ ×8 ㎝長條，再裝飾即可。

Part3/11 慕斯

檸香巧克力慕斯

★杏仁海綿：

A. 杏仁粉 120g、蛋黃 25g、蛋白 50g

B. 砂糖 175g、蛋白 120g

C. 低筋麵粉 56g

★檸檬白巧克力慕斯：

D. 蛋黃 50g、砂糖 20g、水 10g

E. 吉利丁片 10g

F. 檸檬汁 2 個、白巧克力 100g

G. 動物鮮奶油 200g、植物鮮奶油 200g

★裝飾：

水果、巧克力棒適量

★製作過程：

1.先將材料 A 打發；材料 B 打硬性發泡後拌入；材料 C 過篩後也加入拌勻。

2.將麵糊倒入烤盤（40 ㎝ ×30 ㎝）中抹平，以上火 190℃／下火 150℃烤約 12 分鐘。

3.待冷藏冷卻後，壓出小圓形薄片備用。

4.材料 D 中的蛋黃先打發，砂糖、水煮開後，再加入蛋黃中，繼續拌勻。

5.加入泡水至軟化的材料 E，攪拌至吉利丁完全溶解。

6.材料 F 的白巧克力隔水溶解後，加入檸檬汁、皮拌勻，再加入作法 5 中拌勻。

7.待降溫至 10℃左右，將材料 G 打發後，加入拌勻。

8.杯子先放一片作法 3，擠入 1/2 的作法 7，再重複一次後，抹平，冷藏凝固，再取出裝飾。

Part3/12 慕斯

拿鐵瑪奇朵香料卷  條

★蛋糕體：

A. 水 110g、奶油 90g、咖啡粉 20g、砂糖 45g、摩卡濃縮漿 15g
B. 沙拉油 80g
C. 低筋麵粉 200g、玉米粉 15g
D. 蛋白 400g、砂糖 200g、塔塔粉 10g

★咖啡鮮奶油：

E. 摩卡濃縮漿 30g、動物鮮奶油 500g、砂糖 20g

★裝飾：

F. 核桃（烤熟）150g、薄荷葉（切碎）8 片
G. 水果適量、巧克力碎片適量、打發鮮奶油 150g

★製作過程：

1.將材料 A 一起加熱攪拌至完全溶解後，冷卻至 50℃。
2.加入材料 B 拌勻，材料 C 過篩後，也加入拌勻。
3.材料 D 打至濕性發泡，一起加入拌勻，倒入烤盤（40 ㎝ ×60 ㎝）中，抹平。
4.以上火 180℃／下火 120℃烤約 15 ～ 20 分鐘，出爐冷卻後，切成 3 片（20 ㎝ ×40 ㎝）。
5.材料 E 打發後，加入材料 F 拌勻，即為咖啡鮮奶油。
6.將作法 5 抹在蛋糕體上，捲起後，冷凍定型，再切成 13 ㎝長的圓柱體。
7.表面以材料 G 裝飾，置於冷藏即可。

Part3/13 慕斯

香蕉巧克力慕斯 

★材料配方：

巧克力蛋糕 20 片（直徑 5 ㎝圓形）

★巧克力慕斯：

A. 動物性鮮奶油 65g、鮮乳 65g、
蛋黃 35g、砂糖 10g

B. 吉利丁片 5g

C. 苦甜巧克力 175g

D. 動物鮮奶油 240g

★香蕉慕斯：

E. 蛋白 80g、砂糖 80g

F. 吉利丁片 8g

G. 香蕉 165g

H. 動物鮮奶油 165g

I. 水果適量、巧克力碎片適量、
巧克力淋醬 200g

★製作過程：

1.將材料 A 隔水加熱打發，材料 B 泡水至軟化後，加入拌勻。

2.材料 C 隔水加熱溶解，加入作法 1 中拌勻後，降溫至 10℃左右。

3.待降溫，將材料 D 打發後，加入拌勻成巧克力慕斯備用。

4.將材料 G 打成泥狀，材料 F 泡水至軟化後，先隔熱水溶解後，加入拌勻。

5.材料 E 打發後，加入作法 4 中拌勻，材料 H 打發後，也加入拌勻為香蕉慕斯。

6.模型底部放入一片巧克力蛋糕，先將巧克力慕斯餡加入。

7.再放一片巧克力蛋糕，倒入香蕉慕斯抹平，冷藏凝固後，表面以材料 I 裝飾。

巧克力夏綠蒂

★蛋糕體：

A. 蛋白 400g、砂糖 270g、塔塔粉 10g
B. 蛋黃 200g
C. 低筋麵粉 140g
D. 沙拉油 80g、可可粉 50g、苦甜巧克力 50g
E. 鮮乳 70g

★巧克力慕斯：

F. 蛋黃 100g、全蛋 120g、細砂糖 120g
G. 吉利丁片 16g
H. 苦甜巧克力 480g
I. 打發鮮奶油 900g、蘭姆酒 40g

★表面裝飾：

J. 巧克力淋醬 800g
K. 巧克力飾片 40 個、圓形巧克力片適量
L. 楊梅 40 顆

★製作過程：

1. 將材料 A 打至濕性發泡，材料 B 加入再打發。
2. 材料 C 過篩後，加入作法 1 中拌勻。
3. 材料 D 加熱溶解後，也加入拌勻，最後加入材料 E 拌勻。
4. 以上火 200℃／下火 150℃烤約 12 ～ 15 分鐘，出爐待冷卻，備用。
5. 材料 F 隔水加熱打發，材料 G 泡水至軟化，加入拌勻至溶解。
6. 將材料 H 切碎，加入作法 5 中拌至溶解，待降溫，最後加入材料 I 拌勻。
7. 將烤好的蛋糕壓成 3 ㎝及 5 ㎝圓形各 40 個，在矽膠模內先放入 3 ㎝的蛋糕，擠上慕斯餡，再放上 5 ㎝的蛋糕，壓平放入冷凍。
8. 取出脫模，表面淋上材料 J，再以材料 K、L 裝飾。

Part3/15 慕斯

棉花糖巧克力蛋糕

★蛋糕體：

A. 奶油 150g、砂糖 120g
B. 全蛋 200g
C. 苦甜巧克力 180g
D. 低筋麵粉 90g、可可粉 20g
E. 芒果乾（切碎）150g、白蘭地酒 100g（先浸泡一晚）

★巧克力醬與裝飾：

E. 苦甜巧克力 200g
F. 動物鮮奶油 140g、麥芽 30g
G. 蘭姆酒 15g
H. 市售棉花糖 100g
（另留一些裝飾用）
I. 裝飾用白巧克適量

★製作過程：

1.將材料 A 打發至絨毛狀後，材料 B 加入拌勻。
2.材料 C 隔水溶解後，加入作法 1 拌勻，材料 D 過篩後，也加入拌勻。
3.最後加入浸泡過的材料 E 拌勻，倒入模型中（6 分滿）。
4.以上火 170℃／下火 130℃烤約 30 ～ 40 分鐘，出爐待冷卻，備用。
5.先將材料 E 切碎，材料 F 煮沸後，沖入拌至溶解。
6.將材料 G 加入作法 5 拌勻後，待冷卻至室溫，材料 H 也加入拌勻。
7.鋪於蛋糕體表面抹平。
8.裝飾以白巧克力片與棉花糖。

Part3/16 慕斯

焦糖巧克力慕斯

個 8 吋

★材料配方：

巧克力蛋糕 4 片（8 吋）
巧克力馬卡龍適量

★巧克力慕斯：

A. 牛奶 180g、蛋黃 75g
B. 吉利丁片 18g
C. 苦甜巧克力 240g、牛奶巧克力 80g
D. 動物鮮奶油 360g

★焦糖慕斯：

E. 砂糖 200g
F. 動物鮮奶油 250g
G. 吉利丁片 8g
H. 動物鮮奶油 500g

★巧克力淋醬：

I. 水 240g、動物鮮奶油 175g、砂糖 270g、麥芽 50g
J. 可可粉 100g、吉利丁片 20g

★製作過程：

1. 材料 A 隔水加熱打發後，材料 B 泡水軟化，加入攪拌至吉利丁溶解。
2. 材料 C 隔水加熱，溶解後加入拌勻，待降溫至 10℃左右，加入打發的材料 D 拌勻。
3. 材料 E 煮焦化，材料 H 加入拌勻，再煮開。
4. 材料 G 泡水軟化後，加入拌至溶解，降溫至 10℃左右，材料 H 打發後，加入拌勻。
5. 蛋糕取 1 片舖於模型底部，先倒入巧克力慕斯，再舖一片蛋糕，再加入焦糖慕斯，抹平後，放入冷凍冰硬備用。
6. 材料 I 拌勻煮沸，材料 J 加入拌勻後，過濾。
7. 作法 5 取出脫模，淋上作法 6，再排上巧克力馬卡龍（或巧克力飾片、水果）裝飾。

Part3/17 慕斯

桔香巧克力慕斯 12杯

★材料配方：

香草蛋糕（5㎝圓形）12片、
（3㎝圓形）12片

★柳橙慕斯：

A. 濃縮柳橙汁 250g
B. 吉利丁片 5g
C. 檸檬片 5g、橙皮酒 20g
D. 動物鮮奶油 250g

★巧克力慕斯：

E. 苦甜巧克力 137g、動物鮮奶油 28g
F. 奶油 30g
G. 砂糖 85g、蛋黃 42g
H. 吉利丁片 5g
I. 動物性鮮奶油 300g

★裝飾：

鏡面果膠 100g、巧克力飾片適量、水果適量

★製作過程：

1. 材料A加熱約至80℃，材料B泡水軟化後，加入拌勻至吉利丁溶解。
2. 材料C加入拌勻降溫後，材料D打發後，加入一起拌勻為柳橙慕斯備用。
3. 材料E溶解後，將材料F加入拌勻；材料G隔水加熱打發至乳白色，加入一起拌勻。
4. 材料H泡水至軟化後，隔水加熱溶化，和打發的材料I一起加入作法3中拌勻，即為巧克力慕斯。
5. 取一片3㎝圓形的香草蛋糕放於底部，加入巧克力慕斯，再加一片5㎝的香草蛋糕，再加入柳橙慕斯，抹平，冷藏定型。
6. 取出後，表面先抹上鏡面果膠，再以巧克力飾片、水果裝飾。

Part3/18 慕斯

巧克力薄荷慕斯

10杯

★材料配方：

A. 新鮮薄荷葉 8.5g
B. 砂糖 10g、牛奶 90g
C. 蛋黃 60g
D. 吉利丁 6g
E. 奶油 60g、白巧克力 69g
F. 動物鮮奶油 300g
G. 巧克力淋醬 300g、水果適量

★製作過程：

1. 材料 A 洗淨；切碎備用。
2. 將材料 B 煮沸後，材料 A 加入浸泡 5 分鐘。
3. 材料 C 加入回煮 80℃（必須持續攪拌）。
4. 材料 D 泡水軟化後，加入拌至吉利丁溶解。
5. 材料 E 加入拌至溶解後，待降溫至 10℃左右。
6. 材料 F 打發後，加入拌勻，擠入杯中 9 分滿，冷藏凝固後，以材料 G 裝飾。

楓糖巧克力奶酪

Part3/19 慕斯

8 杯

★楓糖果凍：

A. 楓糖漿 375g、飲用水 1000g、砂糖 15g、果凍粉 50g

B. 白蘭地酒 10g

★巧克力奶酪：

C. 動物鮮奶油 650g、奶油起士 250g、苦甜巧克力 250g、砂糖 50g

D. 吉利丁片 10g

E. 香草醬 3g

★製作過程：

1.將材料 A 拌勻，靜置 5 ～ 10 分鐘後煮沸，加入材料 B 拌勻。

2.待冷卻凝結成楓糖果凍後，切丁備用。

3.材料 C 隔水加熱 70℃至所有材料完全溶解。

4.材料 D 泡水軟化後，和材料 E 一起加入拌勻至吉利丁溶解。

5.倒入模型內，待凝結後，將作法 2 的楓糖果凍鋪於表面。

Part3/20 西點

巧克力泡芙

個

★泡芙麵糊：

A. 水 100g、鮮乳 120g

B. 奶油 100g、可可粉 20g、低筋麵粉 100g

C. 全蛋 4 個

★菠蘿麵欄：

D. 奶油 40g、細砂糖 33g

E. 低筋麵粉 50g、可可粉 15g、杏仁粉 20g

★內餡：

F. 水 180g、細砂糖 90g、麥芽 45g、動物鮮奶油 240g

G. 巧克力碎 600g

H. 蘭姆酒 30g

I. 無鹽奶油 500g

★製作過程：

1. 將材料 D 稍打發，材料 E 加入拌勻，整形成直徑 4cm 圓柱狀，冷藏冰硬取出，切成每片約 0.2cm 的片狀。
2. 材料 A 煮沸，材料 B 過篩後，加入拌勻。
3. 材料 C 分 4 次加入拌勻，以手擠方式每個約 20g，將作法 1 覆蓋在上面，以上火 190℃／下火 190℃烤約 25 ～ 30 分鐘，出爐，待冷卻備用。
4. 材料 F 煮沸沖入材料 G 中拌至巧克力溶解，加入材料 H，待冷卻。
5. 材料 I 打發與作法 4 拌勻成為內餡，擠入作法 3 的泡芙中。

巧克力蒙布朗

24個

★蛋糕體：

A. 蛋黃 270g、全蛋 270g、果糖 90g、砂糖 81g

B. 苦甜巧克力 90g、奶油 90g

C. 低筋麵粉 160g、可可粉 90g

D. 蛋白 450g、塔塔粉 10g、砂糖 200g

E. 巧克力奶油霜 300g

★巧克力醬：

F. 調溫巧克力 200g、免調溫巧克力 200g

G. 動物鮮奶油 400g

★製作過程：

1.將材料 A 打發至用手沾不滴落，材料 B 加熱溶解後，加入拌勻。

2.材料 C 過篩加入作法 1 中拌勻。

3.材料 D 打至濕性發泡，一起加入拌勻後，倒入烤盤（60 ㎝ ×40 ㎝）抹平。

4.以上火 190℃／下火 150℃烤約 20 ～ 25 分鐘。

5.出爐待冷卻後，切成 2 塊，抹上材料 E 後捲起，再切成每段 6 ㎝備用。

6.材料 F 先切碎；待材料 G 煮沸後，沖入材料 F 中拌至巧克力溶解。

7.待冷卻後，擠上細線條在作法 5 的蛋糕體表面，再撒上可可粉即可。

Part3/22 西點

黃金焦糖巧克力布丁

★材料配方：

A. 鮮乳 1000g、苦甜巧克力 300g、砂糖 80g

B. 動物鮮奶油 500g、蛋 6 個

C. 蘭姆酒 20g

D. 細砂糖 200g、水 100g

★製作過程：

1. 材料 D 先煮成金黃色焦糖，倒入耐烤杯中，待冷卻備用。
2. 材料 A 加熱至 70℃，拌至巧克力和砂糖完全溶解。
3. 材料 B 拌勻後沖入作法 2 中，再加入材料 C 過篩，倒入耐烤杯中。
4. 以上火 160℃／下火 200℃隔 40℃溫水，烤約 45～60 分鐘。

★ Tips

1. 煮焦糖時，以中小火煮至有冒煙時，即可離火，再加約 20 cc 冷水降溫，避免糖漿完全焦化。
2. 要知烤熟與否，可用手觸摸布丁表面正中央的地方，不沾手即可。

巧克力瑪卡龍

100片

★材料配方：

A. 蛋白 140g、砂糖 280g、水 40g、杏仁粉 120g、苦甜巧克力 165g
B. 軟質巧克力 200g

★製作過程：

1.蛋白打至濕性發泡，用中速慢慢加入細砂糖和水再打發至硬性發泡。
2.杏仁粉過篩後加入拌勻，巧克力隔水加熱溶化後一起拌入。
3.將麵糊倒入擠花袋中，擠圓形狀於烤盤上。
4.以上火 180℃／下火 100℃烤約 8 分鐘，改上火 100℃／下火 100℃再烤約 12 分鐘。
5.冷卻後，以材料 B 為內餡，2 片為 1 組，夾起即可。

Part3/24 西點

香濃摩卡巧克力杯

8 杯

★材料配方：

A. 動物鮮奶油 110g

B. 苦甜巧克力 50g、摩卡醬 20g、即溶咖啡粉 10g

C. 吉利丁片 5g

D. 動物鮮奶油 350g

E. 巧克力蛋糕（小圓形）16 片

★裝飾：

水果、巧克力適量

★製作過程：

1.材料 C 泡水軟化後，取出，放入材料 B 中。

2.將材料 A 煮開後，沖入材料 B 內拌至所有材料溶解後，隔冰水降溫至 10℃。

3.再加入打至 7 分發的材料 D。

4.模型底部先放材料 E，再倒入作法 2 至模型 1/2。

5.再放材料 E，再倒入作法 2 至滿模，放入冷凍冰硬。

6.取出後，表面裝飾水果與巧克力即可。

Part3/25 西點

歐培拉蛋糕  模

★杏仁蛋糕體（40cm×60cm 二盤）：

A. 蛋白 620g、砂糖 435g

B. 蛋黃 120g

C. 低筋麵粉 165g、杏仁粉 310g

★巧克力淋醬：

D. 動物鮮奶油 280g、麥芽 60g

E. 苦甜巧克力 400g

F. 蘭姆酒 30g

★咖啡霜飾奶油：

G. 白油 150g、無鹽奶油 300g、果糖 100g

H. 即溶咖啡粉 15g、熱水 30g

★製作過程：

1.材料 A 打至濕性發泡，加入材料 B 拌勻；材料 C 過篩後，加入拌勻。

2.倒入已舖好烤盤紙的烤盤內抹平，以上火 200℃／下火 150℃烤約 15 ～ 18 分鐘。

3.烤熟後待冷卻，每盤平均切成 6 片備用。

4.材料 D 煮開後，沖入材料 E 內，攪拌至溶解，再加入材料 F 備用。

5.材料 G 拌勻打發後，加入材料 H 再打發備用。

6.將切成 6 片的杏仁蛋糕先取一片抹上巧克力淋醬。

7.再疊上一片蛋糕，再抹上咖啡霜飾奶油，並重複 3 次，冷凍 30 分鐘。

8.取出後，表面再淋上巧克力淋醬，抹平後，以凝固的巧克力淋醬擠花做裝飾即可。

巧克力鬆餅

20個

★材料配方：

A. 無鹽奶油 110g、砂糖 120g

B. 全蛋 110g、鮮奶油 125g、蘭姆酒 30g

C. 低筋麵粉 550g、泡打粉 25g

D. 耐烤焙巧克力豆 150g

E. 軟質巧克力 400g

F. 蛋黃 3 個（刷面用）

★製作過程：

1.將材料 A 打發至絨毛狀後，材料 B 加入拌勻至砂糖溶解。

2.材料 C 一起加入拌至擴展階段，材料 D 再加入拌勻，鬆弛 30 分鐘。

3.分割每個重量 60g，並包入約 20g 的軟質巧克力，稍壓平表面，刷蛋黃 2 次。

4.以上火 200℃／下火 180℃烤約 18 ～ 20 分鐘。

Part 3/27 西點

法式巧克力

40片

★蛋糕體：

A. 蛋白 420g、砂糖 240g、鹽 2g
B. 可可粉 80g、熱水 200g
C. 奶油 100g、苦甜巧克力 80g、沙拉油 70g
D. 低筋麵粉 190g
E. 蛋黃 225g

★內餡：

F. 巧克力淋醬 800g、無鹽奶油 400g
G. 巧克力淋醬 350g

★製作過程：

1.材料 B 先加熱拌至溶解；材料 C 隔水加熱溶解後，加入拌勻，並保持溫度在 70℃。
2.材料 D 過篩後加入作法 1 中拌勻，再加入材料 E 拌勻。
3.材料 A 打至濕性發泡，分 3 次加入作法 2 中拌勻，倒入烤盤（60 ㎝ ×40 ㎝）後，抹平。
4.以上火 200℃／下火 130℃烤約 20～25 分鐘，出爐冷卻後，切成 3 片（20 ㎝ ×40 ㎝）。
5.材料 F 一起打發後為內餡，將 3 片蛋糕組合成 20 ㎝ ×40 ㎝的長方型，冷凍 30 分鐘。
6.取出後，再切割成 2.5 ㎝ ×8 ㎝的長方形，表面以材料 G 裝飾。

PART 4

派、塔、餅乾

Pie, Tarts, Cookie

Part4/01 塔

黑櫻桃巧克力塔 2個7吋

★布丁餡：

A. 鮮乳 250g、砂糖 40g、乳酪 50g、奶油 50g、鮮奶油 50g

B. 全蛋 65g、蛋黃 50g

C. 玉米粉 20g、低筋麵粉 20g

D. 苦甜巧克力 100g

E. 黑櫻桃適量

★塔皮：

F. 奶油 140g、糖粉 65g、杏仁粉 60g

G. 蛋 40g

H. 低筋麵粉 210g、泡打粉 2g

★製作過程：

1. 材料 F 打發至絨毛狀後，材料 G 加入拌勻，材料 H 過篩後，加入拌勻，冷藏鬆弛 1 小時。
2. 待鬆弛後，取 230g 捏於 7 吋的塔模內壓好。
3. 將材料 A 一起加熱煮至完全溶解（需邊煮邊攪拌）。
4. 材料 B、C 拌勻，沖入材料 A 中拌勻，再煮至濃稠凝膠狀，即為布丁餡。
5. 取 250g 的布丁餡，加入材料 D 拌至溶解後，倒入塔皮內，再將剩餘的布丁餡倒入，抹平，表面放上適量黑櫻桃。
6. 以上火 180℃／下火 210℃烤約 25 ～ 30 分鐘。

Part4/02 塔

德式黑森林派 2個8吋

★派皮：

A. 中筋麵粉 285g、白油 85g、奶油 100g

B. 砂糖 10g、鹽 5g、冰水 85g

★巧克力餡：

C. 全蛋 3 個、砂糖 60g、鮮乳 225g

D. 吉利丁片 20g

E. 苦甜巧克力 300g

F. 蘭姆酒 35g、動物鮮奶油 600g

★裝飾：

G. 巧克力碎 200g、巧克力片適量、打發鮮奶油 80g、水果適量

★製作過程：

1.材料 A 用手一起搓揉成細粉狀。

2.將其平均鋪平在桌面上，平均撒上材料 B，用手壓拌方式拌勻後，鬆弛 30 分鐘。

3.派皮分成 2 個（每個約 270g）桿成圓形，鋪於派盤上，再鬆弛 30 分鐘。

4.表面戳孔後，以上火 200℃／下火 210℃烤約 20 ～ 25 分鐘。

5.烤熟後，在派皮表面刷上一層巧克力，防止受潮。

6.材料 C 隔水加熱拌勻呈濃稠狀，加入泡水至軟化的材料 D，拌至吉利丁溶解。

7.加入切碎的材料 E 拌至溶解，隔冰水降溫至 10℃左右。

8.材料 F 打發，加入作法 7 內拌勻，倒入派皮內抹平，放入冷凍冰硬。

9.取出後，以材料 G 裝飾。

Part4/03 塔

拿鐵巧克力派

2 個

8 吋

★派皮：

A. 中筋麵粉 285g、白油 85g、奶油 100g
B. 砂糖 10g、鹽 5g、冰水 85g
C. 巧克力戚風蛋糕 7 吋 2 片

★巧克力慕斯：

D. 牛奶 200g、糖 30g
E. 即溶咖啡 12g、吉利丁片 15g、卡嚕哇酒 17g、咖啡醬 17g
F. 動物鮮奶油 200g、砂糖 30g
G. 動物鮮奶油 125g、植物鮮奶油 125g、砂糖 20g、苦甜巧克力 60g

★巧克力慕斯作法：

1.派皮作法同 p109 頁德國黑森林派。
2.派皮刷上巧克力後，抹上少許鮮奶油，再黏上巧克力蛋糕備用。
3.材料 D 煮沸後，沖入材料 E 中充分拌匀，降溫至 20℃。
4.材料 F 打至 7 分發拌入作法 1 中，倒入烤熟的派皮中，冷凍 2 小時。
5.材料 G 一起打發後，裝飾於冰過的派上。

Part4/04 塔

巧克力榛果派對

 個

8 吋

★榛果甜派皮：

A. 奶油 250g、糖粉 125g、鹽 2g

B. 蛋 1 個

C. 榛果粉 180g、低筋麵粉 240g

★內餡：

D. 榛果醬（無糖）50g、牛奶巧克力 250g

E. 動物鮮奶油 1000g

★表面裝飾：

F. 巧克力裝飾片適量、各式水果適量

★製作過程：

1.材料 A 打發至絨毛狀後，材料 B 分 2 次加入拌勻。

2.材料 C 過篩後，加入作法 1 中拌勻，冷藏 1 小時鬆弛。

3.取出後，分成 2 個，桿開成圓形，鋪於 8 吋塔模上，以上火 190℃／下火 180℃烤約 18 分鐘，出爐待冷卻，備用。

4.材料 D 隔水加熱溶解後，降溫至室溫，材料 E 打發後，加入一起拌勻。

5.將作法 3 以 10 齒菊花嘴擠於塔皮上，再以材料 F 裝飾。

I love You.

Part4/05 塔

榛果巧克力小塔 75個

★塔皮：

A. 奶油 225g、鹽 1g、糖粉 500g

B. 全蛋 418g

C. 杏仁粉 620g、低筋麵粉 150g

★脆片巧克力：

D. 牛奶巧克力 150g、榛果醬 150g

E. 薄餅脆片 120g

★巧克力餡：

F. 動物鮮奶油 340g

G. 苦甜巧克力 280g、果糖 50g

H. 奶油 100g、白蘭地酒 30g

★製作過程：

1.將材料 A 打發，材料 B 分次加入拌勻，材料 C 過篩後，加入一起拌勻，放入冷藏鬆弛 1 小時。

2.以每個約 25g 捏入塔模內，以上火 180℃／下火 180℃烤約 15 分鐘，出爐，待冷卻備用。

3.材料 D 隔水加熱溶解，材料 E 加入拌勻，取每個 5～6g 放入烤熟塔皮內。

4.材料 F 煮沸，沖入材料 G 內拌至完全溶解後，材料 H 加入一起拌勻為巧克力餡。

5.將巧克力餡擠入塔皮內，待凝固後，表面以巧克力飾片、水果裝飾。

莎布蕾桑果塔

50個

★塔皮：

A. 奶油 225g、糖粉 110g
B. 全蛋 50g
C. 低筋麵粉 350g、杏仁粉 50g

★巧克力麵糊：

D. 奶油 180g、砂糖 150g
E. 苦甜巧克力 210g
F. 全蛋 200g
G. 低筋麵粉 126g、蘇打粉 3g
H. 蔓越莓 100g、酒漬櫻桃 50g、冷凍覆盆子 50g

★裝飾： I. 核桃 300g

★製作過程：

1.材料 A 打發至絨毛狀後，材料 B 分 2 次加入拌勻。
2.材料 C 過篩後，加入作法 1 中拌勻，冷藏鬆弛 60 分鐘，捏成塔皮備用。
3.材料 D 打發至絨毛狀後，材料 E 隔水加熱溶解後，加入拌勻。
4.材料 F 加入作法 3 中拌勻，材料 G 過篩後，加入拌勻，最後加入材料 H 拌勻。
5.擠於塔皮中，上面撒上材料 I，以上火 190℃／下火 210℃烤約 25 分鐘。

歐香巧克力塔

個

7吋

★塔皮：

A. 奶油 225g、糖粉 100g

B. 蛋 1 個

C. 低筋麵粉 335g、杏仁粉 50g

★巧克力餡：

D. 苦甜巧克力 200g、牛奶巧克力 150g

E. 動物鮮奶油 80g、砂糖 50g

F. 動物鮮奶油 450g、白蘭地 15g

★製作過程：

1.材料 A 打發至絨毛狀後，材料 B 加入拌勻。

2.材料 C 過篩後，加入作法 1 中拌勻，冷藏 1 小時鬆弛。

3.取出後，分成 2 個，桿開成圓形，鋪於 7 吋塔模上，以上火 170℃／下火 180℃烤約 18 分鐘，出爐待冷卻，備用。

4.材料 D 隔水加熱至完全溶解，材料 E 煮沸後，加入拌勻，降溫至 20℃。

5.將材料 F 打發，加入作法 4 拌勻後，擠於烤熟的塔皮上。

6.表面以可可粉及巧克力裝飾。

Part4/08 塔

聖東尼巧克力泡芙

2 個 7 吋

★材料配方：

香草蛋糕 2 片（7 吋）

7吋派皮2個（請參考p115頁歐香巧克力塔）

★泡芙麵糊：

A. 奶油 100g、水 100g、鮮乳 100g

B. 高筋麵粉 125g、可可粉 20g

C. 蛋 4 個

★巧克力布丁餡：

D. 牛奶 300g、砂糖 90g

E. 玉米粉 24g、蛋黃 5 個

F. 苦甜巧克力 120g、摩卡醬 37.5g、卡魯哇酒 15g、奶油 45g

G. 鮮奶油 90g

★製作過程：

1.材料 A 煮沸，材料 B 加入拌勻，續煮至糊化。

2.材料 C 分 4 次加入拌勻後，於烤盤上整齊擠出約 2 ㎝的圓形，以上火 200℃／下火 190℃烤約 25 分鐘。

3.材料 E 拌勻備用。

4.材料 D 煮沸，沖入材料 E 內拌勻後，再回鍋煮到呈稠狀。

5.材料 F 加入拌勻，冷卻後，加入打發的材料 G 拌勻，即為布丁餡。

6.取 7 吋派皮，底部放入一片香草蛋糕，再將作法 5 的巧克力布丁餡，加入抹平，表面以鮮奶油及巧克力裝飾。

7.將巧克力布丁餡灌入泡芙殼後，表面沾巧克力，整齊排在作法 6 的邊緣即可。

Part4/09 塔

巧克力核桃塔

30個

★塔皮：

A. 奶油 225g、糖粉 100g

B. 蛋 1 個

C. 低筋麵粉 350g、杏仁粉 50g

★核桃餡：

D. 核桃（烤熟）80g、耐烤巧克力豆 80g、糖粉 40g、蜂蜜 30g、蛋 1 個、椰子粉 30g

E. 全蛋 1 個、蛋黃 10 個、砂糖 15g、鹽 2g

F. 可可粉 15g、沙拉油 20g、蘇打粉 2g

★製作過程：

1.材料 A 打發至絨毛狀後，材料 B 加入拌勻。

2.材料 C 過篩後，加入作法 1 中拌勻，鬆弛 30 分鐘，整型於塔模內。

3.材料 D 拌勻，平均加到塔皮內。

4.材料 E 打發至用手沾不滴落，材料 F 加熱至溶解後，加入拌勻。

5.將作法4的麵糊平均擠於塔皮上，以上火150℃／下火220℃烤約25分鐘。

Part4/10 餅乾

巧克力豆餅乾

90片

★材料配方：

A. 奶油 105g、砂糖 130g、紅糖 130g

B. 蛋 150g、香草精適量

C. 低筋麵粉 275g、可可粉 10g

D. 巧克力豆 150g

E. 杏仁果 100g

F. 熟杏仁角 50g（表面用）

★製作過程：

1.材料 E 先以上火 150℃／下火 150℃預烤 15 分鐘，稍切成小塊待冷備用。

2.材料 A 打發後，分 3 次加入材料 B，繼續打發。

3.材料 C 過篩後，加入拌勻後，材料 D、E 也加入拌勻。

4.將麵糊整型成直徑約 4cm 圓柱狀後，冷凍 4 小時。

5.冰硬後切成約 0.5 公分厚片，整齊排放於烤盤上，表面噴水並撒杏仁角。

6.以上火 180℃／下火 130℃烤約 15 ～ 18 分鐘。

維也納餅乾

60片

★材料配方：

A. 無鹽奶油 195g、酥油 80g、糖粉 170g

B. 蛋 150g

C. 低筋麵粉 370g、奶粉 185g、可可粉 50g

D. 軟質巧克力適量、牛奶巧克力適量

★製作過程：

1.材料 A 稍打發後，材料 B 分 3 次加入拌勻。

2.材料 C 過篩後加入，以手輕輕拌勻。

3.以 10 齒花嘴將麵糊擠成螺旋狀，以上火 200℃／下火 150℃烤約 20 ～ 25 分鐘。

4.待冷卻後，以 2 個一組，中間擠入軟質巧克力，兩側沾溶解的牛奶巧克力。

Part4/12 餅乾

巧克力丹麥奶酥

50片

★材料配方：

A. 奶油 155g、砂糖 125g、鹽 2g

B. 全蛋 115g

C. 高筋麵粉 250g、可可粉 25g

D. 白巧克力（切碎溶解）150g

★製作過程：

1.材料 A 打發至絨毛狀後，材料 B 分 3 次加入，繼續打發。

2.材料 C 過篩後，加入拌勻（此時不可過度攪拌）。

3.以星形花嘴整齊擠於烤盤上，以上火 180℃／下火 150℃烤約 25 分鐘。

4.冷卻後，以材料 D 裝飾。

莎布烈巧克力餅乾

30片

★材料配方：

A. 無鹽奶油 240g、糖粉 130g

B. 蛋黃 30g

C. 杏仁粉 60g、高筋麵粉 338g

D. 桔子皮 60g、苦甜巧克力（切碎）60g

★製作過程：

1.材料 A 打發至絨毛狀後，材料 B 加入拌勻，材料 C 過篩後，加入一起拌勻。

2.材料 D 再加入拌勻，冷藏鬆弛 1 小時後，每個分割成 30g，壓入直徑 4 ㎝的圓模中。

3.表面刷蛋黃並以叉子劃菱形線裝飾，以上火 180℃／下火 150℃烤約 25 ～ 30 分鐘。

Part4/14 餅乾

芭斯里巧克力餅乾

60片

★材料配方：

A. 杏仁粉 250g、砂糖 175g、奶油 150g

B. 可可粉 25g、檸檬皮 2 個

C. 白蘭地酒 30g、蛋白 120g

D. 低筋麵粉 350g

E. 巧克力豆 50g

F. 細砂糖適量

★製作過程：

1.材料 A 打發，材料 B 加入拌勻後，材料 C 加入一起拌勻。

2.材料 D 過篩後，加入作法 1 中拌勻，材料 E 再加入拌勻，放入冷藏，鬆弛 1 小時。

3.取出後，捍約 0.5 ㎝厚，壓模，表面噴水沾砂糖。

4.以上火 180℃／下火 180℃烤約 20 ～ 25 分鐘。

Part4/15 餅乾

巧克力杏仁方塊餅乾

90片

★材料配方：

A. 無鹽奶油 200g、鹽 1g、糖粉 163g

B. 奶水 50g

C. 奶粉 44g、可可粉 50g、肉桂粉 10g、低筋麵粉 350g

D. 杏仁片 150g

★製作過程：

1.材料 A 稍打發，材料 B 加入拌勻後，材料 C 加入一起拌勻。

2.材料 D 加入拌勻後，整形時壓放模型內，放入冷藏 3 小時。

3.取出後，切長 5 ㎝ × 寬 3 ㎝厚 0.5 ㎝，排於烤盤內，以上火 180℃／下火 150℃烤約 25 分鐘。

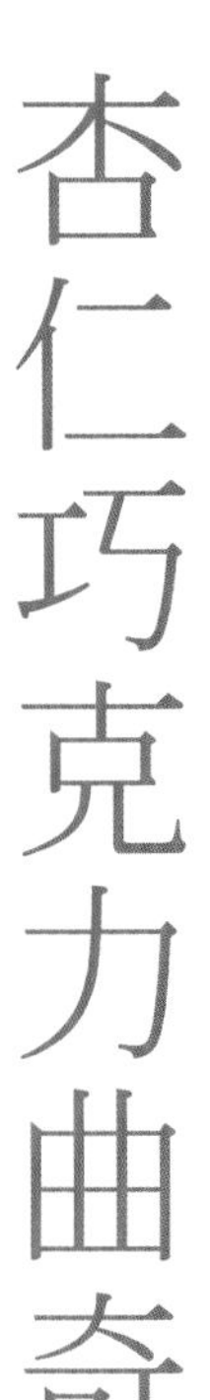

杏仁巧克力曲奇

90片

★材料配方：

A. 奶油 250g、糖粉 150g

B. 鮮乳 60g、蛋 100g

C. 低筋麵粉 280g、可可粉 40g、蘇打 4g

D. 杏仁角 140g

E. 白芝麻適量

★製作過程：

1.材料 A 打至鬆軟後，材料 B 分次加入拌勻。

2.材料 C 過篩後，加入作法 1 拌勻，材料 D 加入一起拌勻。

3.整形成直徑約 4 公分之圓柱形後，冷藏冰硬。

4.取出後，表面刷水，再沾滿白芝麻，切成厚約 0.5 ㎝的圓片狀。

5.整齊排於烤盤上，以上火 200℃／下火 160℃烤約 15 ～ 20 分鐘。

巧克力曲奇

70片

★黑麵糰：

A. 奶油 100g、糖粉 75g

B. 蛋 30g

C. 低筋麵粉 120g、可可粉 20g

D. 杏仁角 50

★白麵糰：

E. 奶油 100g、糖粉 70g

F. 蛋 30g

G. 低筋麵粉 160g

★製作過程：

1.將材料 A 打至鬆發；材料 B 分次加入拌勻；材料 C 過篩後，加入拌勻。

2.最後加入材料 D 拌勻，即為黑麵糰。（白麵糰作法同黑麵糰）。

3.將白色麵糰分成 2 塊後，捍開成長 30cm，寬 13cm 之長方形。

4.將黑麵糰分成 2 塊，搓成長 30cm 的圓柱體。

5.白麵糰表面刷水，放上黑麵糰後再包起，放入冰箱冷凍。

6.冷凍冰硬後取出，切成厚 0.5cm 薄片。

7.以上火 190℃℃／下火 160℃烤約 15 分鐘。

Part4/18 餅乾

巧克力雪球

70個

★材料配方：

A. 奶油 90g、砂糖 120g

B. 全蛋 160g

C. 苦甜巧克力 200g

D. 奶水 50g

E. 泡打粉 5g、中筋麵粉 250g、
可可粉 25g

F. 核桃 80g（切碎）

G. 糖粉適量（沾表面用）

★製作過程：

1.材料 A 打發，材料 B 分 3 次加入。

2.材料 C 隔水溶解後，加入作法 1 中拌勻。

3.材料 D 加入拌勻後，材料 E、F 加入一起拌勻。

4.完成時，以每個約 10g，搓成圓球，沾水及糖粉。

5.以上火 160℃／下火 130℃烤約 20 ～ 25 分鐘。

巧克力義大利脆餅

40片

★材料配方：

A. 低筋麵粉 420g、紅糖 160g、糖粉 160g、奶粉 10g、鹽 2g、
蘇打粉 4g、泡打粉 9g、可可粉 20g、肉桂粉 10g、檸檬皮 1 個（切碎）

B. 水 50g

C. 杏仁粒 200g

★製作過程：

1. 材料 A 拌勻，材料 B 加入拌勻後，材料 C 加入一起拌勻。
2. 以 500g（共 2 個）整形成圓柱狀，以上火 150℃／下火 150℃烤約 25 ～ 30 分鐘。
3. 出爐後，切成 0.5 ㎝片狀，再以上火 100℃／下火 100℃續烤 20 分鐘。

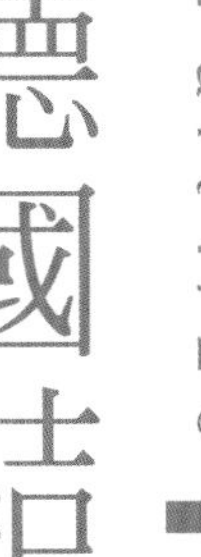

德國結

Part4/20 餅乾

18個

★材料配方：

A. 中筋麵粉 480g、可可粉 33g

B. 砂糖 160g、奶油 107g、全蛋 67g、水 100g

C. 粗鹽適量

★製作過程：

1.材料 A 拌勻，材料 B 加入拌勻。

2.以每個約 50g，搓成長條狀，整型，表面噴水，沾粗鹽，以上火 180℃／下火 130℃烤約 20 分鐘。

PART 5

手工巧克力

Handmade chocolate

焦糖巧克力

30個

★材料配方：

A. 動物鮮奶油 130g、細砂糖 60g

B. 牛奶巧克力 240g、可可粉 20g、奶油 40g

C. 熟杏仁角 130g

D. 白巧克力 50g

E. 蔓越莓（碎）20g、開心果（碎）10g

★製作過程：

1.材料 A 中，細砂糖先煮至深褐色，將鮮奶油加入再煮沸。

2.材料 B 中，巧克力先切碎，再和可可粉、奶油一起加入作法 1 中，持續攪拌至巧克力完全溶化。

3.待稍微冷卻至室溫，加入材料 C 拌勻後，倒入鋪好保鮮膜的半圓形長條模（直徑約 2cm）中，靜置 10 小時。

4.凝固後，取出，切成每段約 2cm 之小塊，表面淋上隔水溶化之材料 D，再撒上蔓越莓碎和開心果碎。

Part5/02 手工巧克力

牛奶蔓越莓

20個

★材料配方：

A. 牛奶巧克力 300g、動物鮮奶油 60g

B. 蜂蜜 10g、蘭姆酒 10g

C. 白巧克力 30g、蔓越莓（碎）30g、開心果（碎）10g

★製作過程：

1.材料A中，動物鮮奶油先煮沸，再和切碎的牛奶巧克力一起隔水加熱，至巧克力完全溶化。

2.冷卻至 30℃左右，加入材料 B 拌勻。

3.擠入小紙杯中，表面以材料 C 中的白巧克力劃線條，再點綴蔓越莓碎和開心果碎。

香橙巧克力

20個

★材料配方：

A. 苦甜巧克力 150g
B. 苦甜巧克力 150g、動物鮮奶油 80g、蜂蜜 50g、康途酒（香橙酒）25g
C. 白巧克力 30g

★製作過程：

1. 材料 A 之苦甜巧克力，先隔水溶化後，倒入金字塔型巧克力模再倒扣，將多餘的巧克力倒出，形成一層巧克力外殼。
2. 材料 B 中，動物鮮奶油煮沸後，和切碎之苦甜巧克力一起攪拌，至巧克力完全溶化，再拌入蜂蜜和康途酒。
3. 注入成型之巧克力外殼中（9 分滿），再以剩餘的材料 A，將巧克力外殼擠滿封口。
4. 冷藏 20 分鐘，將巧克力輕扣敲出。
5. 表面再以材料 C 劃線條即可。

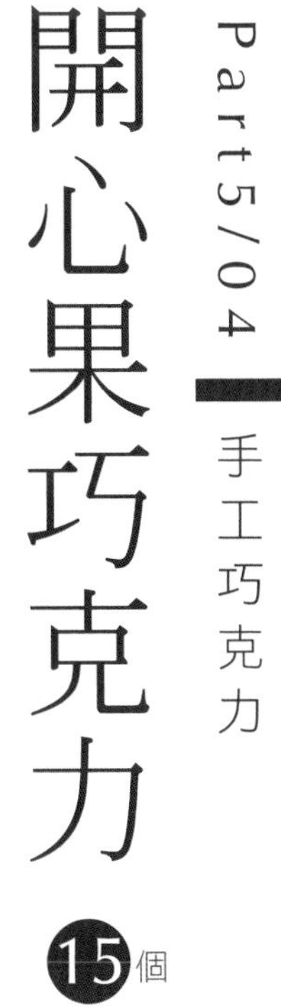

Part5/04 手工巧克力

開心果巧克力

15個

★材料配方：

A. 模型用杏仁膏 200g、開心果切碎 20g、開心果濃縮醬 15g

B. 苦甜巧克力 80g

★製作過程：

1.材料 A 一起揉均勻後，搓成直徑約 2cm 之圓柱狀。

2.將材料 B 隔水溶化後，以毛刷刷於作法 1 表面，重覆刷二次。

3.待表面巧克力凝固後，切成約 1.5cm 厚之圓柱形。

榛果巧克力

30個

★材料配方：

A. 牛奶巧克力 200g、奶油 80g、榛果醬 150g、熟杏仁角 150g
B. 牛奶巧克力 150g
C. 白巧克力 20g

★製作過程：

1.材料 A，奶油、牛奶巧克力一起隔水溶化，再拌入榛果醬和熟杏仁角。
2.倒入舖保鮮膜之半圓形長模（直徑約 2cm）中，靜置 10 小時待其凝固。
3.取出表面先刷上隔水溶化之材料 B，凝固後，再擠上交叉斜線。
4.切成每段約 2cm 之小塊，再擠上隔水溶化的材料 C 即可。

核桃巧克力

Part5/06 手工巧克力

18個

★材料配方：

A. 熟核桃（1/8 切塊）200g、白巧克力 150g

B. 熟核桃（1/2 切塊）18 片、苦甜巧克力 50g

★製作過程：

1.材料 A 白巧克力隔水溶化後，和熟核桃拌勻，放入圓形模中，待冷卻凝固後取出。

2.材料 B 中熟核桃外，沾裹隔水溶化的苦甜巧克力後，置於作法 1 上即可。

Part5/07 手工巧克力

堅果巧克力 20個

★材料配方：

A. 苦甜巧克力 300g

B. 熟杏仁粒 20g、熟夏威夷豆（1/2 粒）20 個、熟核桃（1/4 切）20 個、開心果 20 個

★製作過程：

1.材料 A 苦甜巧克力隔水溶化後，擠圓形於塑膠片或不沾布上（每個約 15g）。

2.趁還未凝固前分別排上杏仁粒、夏威夷豆、核桃、開心果。

3.待冷卻；凝固即可。

花生巧克力

Part5/08 手工巧克力

20個

★材料配方：

A. 白巧克力 170g、熟花生片 130g

B. 白巧克力 100g

C. 裝飾用巧克力豆 20 顆

★製作過程：

1.材料 A 白巧克力隔水溶化後，和花生片拌勻，待冷卻凝固切成 2cm 之正方形（厚約 0.8cm）。

2.. 材料 B 隔水溶化後，淋於作法 1 表面，再以材料 C 裝飾。

白蘭地巧克力

30個

★材料配方：

A. 動物鮮奶油 250g、牛奶 50g
B. 苦甜巧克力 200g、牛奶巧克力 100g
C. 櫻桃白蘭地 30g
D. 市售巧克力杯 30 個
E. 熟榛果粒 30 顆

★製作過程：

1.材料 A 煮沸，沖入切碎的材料 B 中，拌至巧克力完全溶化。
2.稍冷卻後，再拌入材料 C，靜置 3 小時。
3.待凝固後，以 8 齒小菊花嘴擠於巧克力杯中，上點綴一顆榛果粒。

★ Tips ······································

1.巧克力杯在一般烘焙材料行即可買到。

抹茶巧克力

Part5/10 手工巧克力

25個

★內餡：

A. 動物鮮奶油 90g、白巧克力 150g、抹茶粉 8g
B. 市售白巧克力球殼 25 顆
C. 白巧克力 120g
D. 乾燥糖粉 30g、抹茶粉 30g

★製作過程：

1.材料 A 中將動物鮮奶油煮沸，沖入切碎的白巧克力中，拌至巧克力完全溶化。
2.抹茶粉加入拌勻，冷卻備用（即為內餡）。
3.將內餡擠入巧克力球殼內，再以溶化的白巧克力封口。
4.待封口硬後表面沾一層白巧克力，再裹上一層混合均勻的材料 D。

★ Tips

1.巧克力球殼可至一般烘焙材料行購買現成的。

杏仁巧克力球

30個

★內餡：

A. 動物鮮奶油 110g、苦甜巧克力 170g、杏仁濃縮醬 5g、蘭姆酒 20g

B. 黑巧克力球殼 30 顆

C. 苦甜巧克力 180g

D. 熟杏仁角 200g

★製作過程：

1. 材料 A 中將動物鮮奶油煮沸，沖入切碎的苦甜巧克力中，拌至巧克力完全溶化，冷卻後拌入杏仁濃縮醬和蘭姆酒。
2. 擠入巧克力球殼中，再以溶化的苦甜巧克力封口。
3. 待封口硬後，表面沾一層苦甜巧克力，再裹上熟杏仁角。

★ Tips

1. 巧克力球殼可至一般烘焙材料行購買現成的。

生地巧克力

Part5/12 手工巧克力

20個

★材料配方：

A. 苦甜巧克力 300g、動物鮮奶油 300g

B. 玉米糖醬（果糖）30g、可可粉 10g

C. 防潮可可粉

★製作過程：

1.材料 A 中動物鮮奶油煮沸，沖入切碎的苦甜巧克力中，拌至巧克力完全溶化。

2.將材料 B 加入拌勻後，倒入平底容器中，待冷卻。

3.冷入冷藏 20 分鐘，取出切塊，表面裹一層材料 C 即可。

巧克力點心教室
甜蜜的黑色魔力

作　　者 許正忠
攝　　影 蕭維剛
企劃編輯 吳小諾
美術設計 王欽民
封面設計 吳怡嫻

發 行 人 程安琪
總 策 畫 程顯灝
總 編 輯 呂增娣
主　　編 李瓊絲
編　　輯 鄭婷尹、陳思穎、邱昌昊、黃馨慧
美術主編 吳怡嫻
資深美編 劉錦堂
美　　編 侯心苹
行銷總監 呂增慧
行銷企劃 謝儀方、吳孟蓉

發 行 部 侯莉莉
財 務 部 許麗娟
印　　務 許丁財
出 版 者 橘子文化事業有限公司

總 代 理 三友圖書有限公司
地　　址 106 台北市安和路 2 段 213 號 4 樓
電　　話 (02) 2377-4155
傳　　真 (02) 2377-4355
E－mail service@sanyau.com.tw
郵政劃撥 05844889 三友圖書有限公司

總 經 銷 大和書報圖書股份有限公司
地　　址 新北市新莊區五工五路 2 號
電　　話 (02) 8990-2588
傳　　真 (02) 2299-7900

製版印刷 鴻嘉彩藝印刷股份有限公司
初　　版 2016 年 1 月
定　　價 新臺幣 500 元
ＩＳＢＮ 978-986-364-083-7 (平裝)

國家圖書館出版品預行編目(CIP)資料

巧克力點心教室：甜蜜的黑色魔力 /
許正忠著. -- 初版. -- 臺北市：橘子文化, 2016.01
面；　公分
ISBN 978-986-364-083-7(平裝)

1. 點心食譜 2. 巧克力

427.16　　104029060